Video- und elektronenmikroskopische Untersuchungen der Olefinpolymerisation mit trägerfixierten Katalysatorsystemen

INAUGURAL-DISSERTATION
zur Erlangung des Doktorgrades der
Mathematisch-Naturwissenschaftlichen Fakultät
der Heinrich-Heine-Universität Düsseldorf

vorgelegt von Diplom-Chemiker
STEFAN KNOKE
aus Dormagen

2003

Gedruckt mit der Genehmigung der Mathematisch-Naturwissenschaftlichen Fakultät der Heinrich-Heine-Universität Düsseldorf

Referent: Prof. Dr. Dr. G. Fink
Korreferent: Prof. Dr. W. Kläui
Tag der mündlichen Prüfung: 29. Januar 2004

Stefan Knoke

VIDEO- UND ELEKTRONENMIKROSKOPISCHE UNTERSUCHUNGEN DER OLEFINPOLYMERISATION MIT TRÄGERFIXIERTEN KATALYSATORSYSTEMEN

ibidem-Verlag
Stuttgart

Bibliografische Information Der Deutschen Bibliothek

Die Deutsche Bibliothek verzeichnet diese Publikation in der Deutschen Nationalbibliografie; detaillierte bibliografische Daten sind im Internet über <http://dnb.ddb.de> abrufbar.

Der Umschlag zeigt Ausschnitte von mittels *in situ* Videomikroskopie erstellten Mikrographien polymerisierender Katalysatorpartikel eines aktivierten Ziegler-Katalysators während der Propenpolymerisation.

∞

Gedruckt auf alterungsbeständigem, säurefreien Papier
Printed on acid-free paper

ISBN: 3-89821-477-X

Printed in Germany

Die vorliegende Arbeit entstand in der Zeit von Oktober 1999 bis November 2003 am Max-Planck-Institut für Kohlenforschung in Mülheim an der Ruhr in den Arbeitsgruppen von Prof. G. Fink und Dr. B. Tesche.

Mein ganz herzlicher Dank gilt meinem Doktorvater Herrn Prof. G. Fink für die herausfordernde und interessante Themenstellung, die Freiheit bei der Durchführung der Arbeit und sein stetes Interesse am Fortgang.

Mein ganz besonderer Dank gilt Herrn Dr. B. Tesche für die stete Diskussionsbereitschaft, die fortwährende Unterstützung und die hervorragenden Bedingungen in den Laboratorien.

Herrn Prof. W. Kläui danke ich für die Übernahme des Korreferates

Herrn Prof. M. T. Reetz danke ich für die Aufnahme am Institut.

Der Max-Planck-Gesellschaft spreche ich meinen Dank für die Gewährung eines Promotionsstipendiums aus.

Der Basell Polyolefine GmbH danke ich für die gute Zusammenarbeit und die finanzielle Unterstützung.

Herrn Dr. F. Korber danke ich für die gute Zusammenarbeit bei der Planung und Durchführung zahlreicher Polymerisationsexperimente in Suspension und Masse.

Den Abteilungen von Prof. G. Fink und Dr. B. Tesche danke ich für die gute Zusammenarbeit, die angenehme Arbeitsatmosphäre und die stete Hilfsbereitschaft, die zum Gelingen dieser Arbeit beigetragen haben.

Schliesslich danke ich allen übrige Institutsangehörigen, die mich beim Anfertigen dieser Arbeit unterstützten.

Inhaltsverzeichnis

Seite

Abkürzungsverzeichnis

Abb.	Abbildung
ABS	Acrylnitril-Butadien-Styrol-Copolymere
BET	Abkürzung für Brunauer, Emmett, Teller, die 1938 die Theorie der mehrschichtigen Adsorption an Festkörpern entwickelten
BSE	Back scattered electrons, Rückstreuelektronen
ECD	Equivalent Circle Diameter
EDX	Energiedispersive Röntgenspektroskopie
EPS	Expandierbares Polystyrol
ESV	Equivalent Sphere Volume
Gew.-%	Gewichtsprozent
HD-PE	High Density Polyethylen, niedrig verzweigtes Polyethylen
LD-PE	Low Density Polyethylen, hoch verzweigtes Polyethylen
LLD-PE	Linear Low Density Polyethylen, niedrig verzweigtes Polyethylen mit geringer Dichte
MAO	Methylaluminoxan
n. b.	nicht bestimmt
$NaAl(Et)_4$	Natriumaluminiumteratethyl
PA	Polyamide
PC	Polycarbonate
PE	Polyethylen
PET	Polyethylenterephthalate
PP	Polypropylen
PS	Polystyrole
PUR	Polyurethane
PVC	Polyvinylchlorid
Q	freigesetzte Leistung in der Massepolymerisation

ROI	Region Of Interest
SEM	Rasterelektronenmikroskop
TEA	Triethylaluminium
TEM	Transmissionselektronenmikroskop
TIBA	Tri(iso)buylaluminium
v_p	Bruttopolymerisationsgeschwindigkeit
z. B.	zum Beispiel

1 Einleitung

1.1 Allgemeines zur Polymerchemie

Die Polymerchemie als Wissenschaft der synthetischen Makromoleküle etablierte sich um 1920. Schon zuvor hatte van't Hoff eine kettenartige Struktur der synthetischen Makromoleküle postuliert, diese Annahmen aber zugunsten der Kolloidhypothese wieder verworfen. Durch die anfangs umstrittenen Arbeiten Staudingers setzte sich schließlich jedoch die richtigere Vorstellung kovalent verknüpfter Kettenmoleküle durch. Auch in der industriellen Produktion erlangten Kunststoffe wie Bakelite, Nylon und Polyester schnell eine wichtige Bedeutung.

Als erstes Polyolefin konnte hoch verzweigtes Polyethylen (LD-PE) nach einem bei der Firma ICI entwickeltem Prozess durch radikalische Polymerisation bei einem Druck von 1000 bis 3000 bar in großen Mengen produziert werden.[1, 2] Auch mit Hilfe eines Katalysators auf Basis von mit Wasserstoff reduziertem Chromtrioxid auf Silica lässt sich Ethen polymerisieren.[3] Dieser von Phillips entwickelte Prozess besitzt, wie auch die radikalische Polymerisation von Ethen, noch heute eine hohe wirtschaftliche Bedeutung

Einen weiteren wichtigen Schritt in der Entwicklung der modernen Polyolefinchemie bilden die Entdeckungen von Ziegler im Jahre 1953.[4, 5] Mit seiner Arbeitsgruppe am Max-Planck-Institut für Kohlenforschung in Mülheim entdeckte er, dass Katalysatoren auf Basis von Titantetrachlorid und Aluminiumdiethylchlorid die Synthese von wenig verzweigtem Polyethylen (HD-PE) bei Normaldruck und Raumtemperatur ermöglichen.[6] Wenig später machte Natta am polytechnischen Institut in Mailand die Entdeckung, dass solche Katalysatorsysteme auch Propen zu teilkristallinem Polypropen polymerisieren können.[7] Im Jahr 1963 erhielten Ziegler und Natta für diese Entdeckungen den Nobelpreis für Chemie.

Moderne Ziegler-Katalysatoren bestehen heute aus einer Mischung verschiedener fester und flüssiger Bestandteile und enthalten häufig $MgCl_2/TiCl_4/Al(CH_3)_3$ sowie für die stereospezifische Propenpolymerisation verschiedene interne und externe Donoren wie Ethylbenzoat, Silane oder Ether um die Taktizität des Polymeren zu steuern.[8, 9]

Die wirtschaftliche Bedeutung der Kunststoffe und damit der Polymerchemie für die heutige Gesellschaft lässt sich an den weltweit steigenden Produktions-, Absatz- und Verbrauchszahlen von Kunststoffen messen.[10] So wurden bereits im Jahre 2002 rund 194 Millionen Tonnen Kunststoff produziert. Wie Abbildung 1-1 zeigt, entfiel dabei mit 52 % ein großer Anteil auf die Polyolefine Polyethylen und Polypropylen. Dies ist im wesentlichen auf deren exzellentes Preis-Leistungsverhältnis und eine gute Umweltkompatibilität zurückzuführen. Ein weiteres dynamisches Wachstum der gesamten Kunststoff-Industrie wird prognostiziert. Wie Abbildung 1-2 zeigt, bietet gerade der Polyolefinmarkt auch weiterhin ausgezeichnete Wachstumschancen für die nächsten Jahre.

Die Optimierung von Katalysatorsystemen und Prozessparametern in der Olefinpolymerisation ist ein gemeinsames Anliegen der Industrie und der akademischen Forschung auf diesem Gebiet. Während in der Industrie dabei häufig die Gewinnmaximierung klar im Fordergrund steht, ist es primäres Ziel der akademischen Grundlagenforschung, ein vertieftes Verständnis des Polymerisationsprozesses zu erlangen. Sind aber die grundlegenden Mechanismen einer Reaktion erst verstanden, so kann diese auf Basis rationaler Konzepte effizienter optimiert und fortentwickelt werden. Somit ergibt sich hier eine Überschneidung der Interessen der akademischen Forschung und der Industrie als Grundlage einer fruchtbaren Zusammenarbeit.

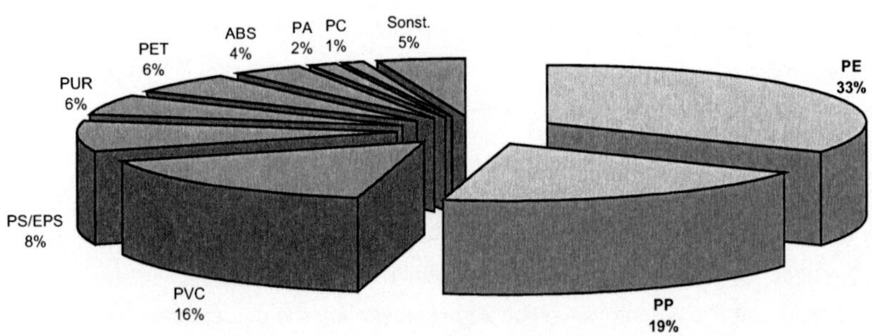

Abb. 1-1: Weltproduktion von Kunststoffen 2002 (Tonnage in Prozent).[10]

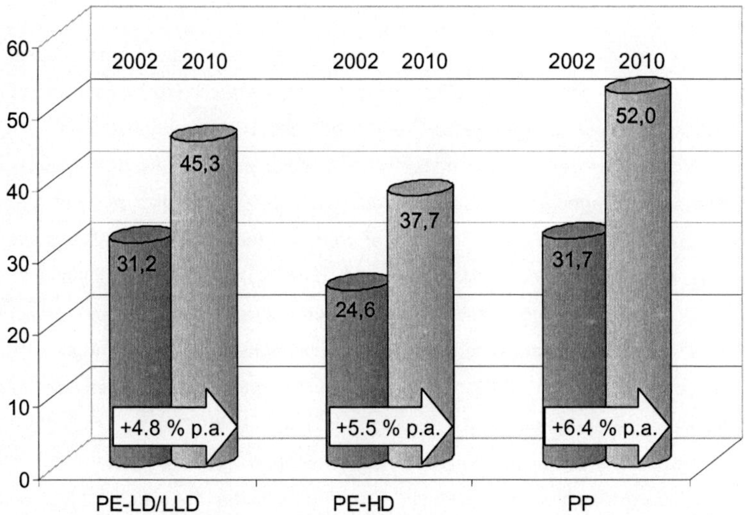

Abb. 1-2: Prognose des weltweiten Polyolefinverbrauches für den Zeitraum 2002 bis 2010 und jährliche Wachstumsraten.[10]

1.2 Metallocene als Polymerisationskatalysatoren

Um die komplexe Funktionsweise heterogener Ziegler-Katalysatoren besser zu verstehen, hat man schon in den 50er Jahre begonnen, lösliche Modellsysteme in Form von Metallocenen wie beispielsweise Cp_2TiCl_2 oder Cp_2TiRCl zu untersuchen.[11-13] Über diesen Modellcharakter hinaus hatten die Alkylaluminium aktivierten Metallocene zunächst wenig Bedeutung, da sie ausschließlich Ethen und dies nur mit mäßiger Aktivität polymerisierten. Erst Ende der 70er Jahre entdeckten Sinn und Kaminsky,[14-17] dass mit Metallocenen nach Aktivierung mit dem Cokatalysator Methylaluminoxan (MAO)[18, 19] in der Ethylenpolymerisation extrem hohe Aktivitäten erreicht werden können und dass auch die Polymerisation von Propen und höheren Olefinen möglich ist. Als Brintzinger[20, 21] daraufhin 1982 die Synthese der ersten verbrückten und damit stereorigiden ansa-Metallocene gelang, konnte bald darauf sowohl von Brintziger/Kaminsky als auch von Ewen mit homogenen Systemen hoch isotaktisches Polypropylen erhalten werden. Ewen und Razavi entdeckten, dass sich mit Metallocen-Katalysatoren ausgehend von α-Olefinen, auch hoch syndiotaktische Polymere herstellen lassen.[22-24] Diese stereospezifische Wirksamkeit und die sich damit bietenden neuen Möglichkeiten[25-29] lenkte endgültig das Interesse der Industrie auf die Metallocen-Katalysatoren,[30] zumal auch die erreichten Polymerisationsaktivitäten 10-100 mal höher waren als die klassischer Ziegler-Katalysatoren. Die allgemeine Struktur der Metallocen-Katalysatoren ist in Abbildung 1-3 skizziert.

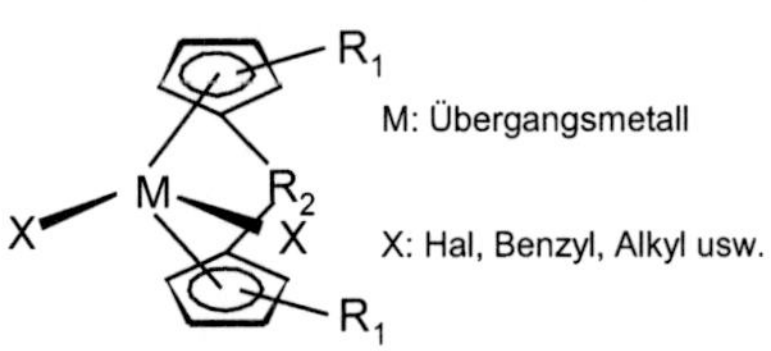

Abb. 1-3: Allgemeine Struktur der Metallocen-Katalysatoren.

Im Gegensatz zu heterogenen Ziegler-Katalysatoren, die viele verschiedenartige aktive Zentren besitzen, weisen Metallocen-Katalysatoren im Allgemeinen nur ein einziges, wohl definiertes polymerisationsaktives Zentrum auf.[31] Daraus resultiert unter anderem, dass man mit Metallocen-Katalysatoren deutlich engere Molmassenverteilungen erreichen kann als mit klassischen Ziegler-Katalysatoren. Auch erscheint ein rationales Katalysatordesign, z. B. durch die Erstellung von Struktur-Wirkungs-Beziehungen oder dem Einsatz von Molecular -Modeling-Berechnungen leichter realisierbar.[32-33]

Um jedoch auch in der industriellen Olefinpolymerisation Bedeutung zu erlangen, war es notwendig Metallocen-Katalysatoren herzustellen, die auch in den bestehenden Produktionsanlagen, mit sogenannter „drop-in-technology" ausgelegt, für heterogene Ziegler-Katalysatoren einsetzbar sind. [34-36] Hierzu werden die Metallocen-Katalysatoren zusammen mit MAO zumeist auf Fällungskieselgelen (Silica) trägerfixiert. Als gewünschter Zusatzeffekt wird durch die Heterogenisierung zusätzlich auch der Bedarf an Cokatalysator MAO pro Metallocen-Zentrum, welcher für das Erreichen einer optimalen Polymerisationsaktivität notwendig ist, deutlich gesenkt.

Seit Anfang der 90er Jahre sind Metallocen-Katalysatoren ein wichtiger Bestandteil auch der industriellen Polymerchemie geworden und konnten diese in bemerkenswerter Weise bereichern. So kann mit Ihnen ein vom Kunden und Verbraucher gewünschtes verarbeitungs- und anwendungstechnisches Eigenschaftsprofil gezielter erreicht werden (tailor-made-polymers).[37-38] Außerdem können auch gänzlich neue Homo- und Copolymere mit Hilfe von Metallocen-Katalysatoren hergestellt werden.[39] Diese besonderen Eigenschaften der Metallocene[40] haben jedoch noch nicht zu einer bereits prophezeiten Ablösung der Ziegler-Systeme[41] geführt, da diese momentan häufig noch kostengünstiger eingesetzt werden können. Auf breiter Front werden sich Metallocen-Katalysatoren wohl nur durchsetzten, wenn es gelingt, Ihre Produktivität so zu steigern das dieses den höheren Aufwand bei der Katalysatorherstellung rechtfertigt. Ansonsten wird Ihr Einsatz wohl auf die Synthese spezieller Polymere mit einem besonderem Eigenschaftsprofil, welches einen höheren Preis rechtfertigt, beschränkt bleiben.

1.3 Methylaluminoxan (MAO) als Cokatalysator

Bei der Polymerisation mit Aluminiumalkylen als Cokatalysator zeigte sich, dass "unsauberes Arbeiten", genauer gesagt die Anwesenheit von Spuren von Wasser im Reaktionsgemisch zu einer deutlichen Steigerung der Polymerisationsgeschwindigkeit führen kann. Sinn und Kaminsky haben sich mit diesem Effekt dann analytisch beschäftigt und entdeckt, dass Produkte der partiellen Hydrolyse von Trimethylaluminium die erhöhte Polymerisationsaktivität bedingen.

Experimentell wurde gefunden, dass auch weit jenseits eines stöchiometrischen Einsatzes von MAO eine deutliche Reaktionsbeschleunigung beobachtet wird. So ergibt sich in der homogenen Polymerisationskatalyse mit Metallocen-Katalysatoren häufig eine maximale Polymerisationsaktivität bei einem $M_{Kat.}$: Al_{MAO}-Verhältnis von 1 : 100 bis 1 : 1000.

Nicht zuletzt wegen der wirtschaftlichen Bedeutung von MAO als Cokatalysator in der Polymerisationschemie haben sich zahlreiche Arbeiten mit der strukturellen Charakterisierung dieser Hydrolyseprodukte beschäftigt.[42, 43] Insbesondere kamen dabei neben den klassischen Methoden der Strukturaufklärung verschiedenste spektroskopische Methode und die Instrumente der Theoretische Chemie zum Einsatz.[44-46]

Bei einem weiten Kreis von Autoren konnten sich zwei Vorstellungen zur Beschaffenheit von MAO durchsetzen: So scheinen käfigartige Strukturen mit der allgemeine Stöchiometrie $(MeAlO)_n$, insbesondere mit n = 3, 4, 6, 8, 12 und 16 eine besonders wichtige Rolle zu haben. Wahrscheinlich ist auch, dass keine statische Strukturbeschreibung die besonderen Eigenschaften in allen Punkten erklären kann. Vielmehr ist wohl eine dynamische Strukturbetrachtung angebrachter.

1.4 Fällungskieselgel als Katalysatorträger

Da die Trägermaterialien in der elektronenmikroskopischen Charakterisierung von Katalysatorsystemen eine wichtige Rolle spielen,[47] soll hier kurz auf die Herstellung der Träger und die daraus resultierenden wichtigen Eigenschaften eingegangen werden.

Aufgrund von grundlegend verschiedenen Herstellungsverfahren wird allgemein zwischen pyrogen erzeugten Kieselgelen und Fällungskieselgelen unterschieden. Pyrogene Kieselgele werden mittels Flammenhydrolyse hergestellt, hinsichtlich ihres Produktionsumfanges besitzen sie jedoch nur eine untergeordnete Bedeutung. Zur Herstellung der als Katalysatorträger zumeist eingesetzten Fällungskieselgele lässt man eine wässrige Natriumwasserglaslösung mit Schwefelsäure zu einem sauren oder basischen Hydrosol reagieren. Daraus bildet sich ein dreidimensional vernetztes Hydrogel, aus welchem in mehreren Waschschritten die gebildeten – im Produkt meist unerwünschten – anorganischen Salze entfernt werden. Das gewaschene Hydrogel wird schließlich zum Produkt Fällungskieselgel (kurz Silicagel) getrocknet, welches in Form eines unregelmäßig geformten Granulates erhalten wird. Das dabei erreichte Porenvolumen ist umso größer, je schneller getrocknet wird. Um sehr hohe Porenvolumina zu erreichen, kann vor dem Trocknungsprozess Wasser gegen ein organisches Lösungsmittel ausgetauscht und so die Trocknung weiter beschleunigt werden. Das getrocknete Fällungskieselgel wird durch Vermahlen zerkleinert und dabei größenfraktioniert. Abbildung 1-4a zeigt die SEM Mikrographie eines solchen granulären Fällungskieselgels. Man erkennt deutlich die kantige äußere Gestalt. Ist eine sphärische Produktmorphologie erwünscht, kann das Fällungskieselgel feiner vermahlen, in Mineralsäure redispergiert, erneut mit Wasserglas versetzt und schließlich einem Sprühtrocknungsprozess zugeführt werden. Durch Steuerung der Tropfengröße im Sprühtrocknungsprozess lässt sich dabei die gewünschte Partikelgröße des Endproduktes einstellen. Es resultieren nahezu sphärische Silica-Partikel, die sich aus einer Vielzahl von miteinander verklebten Granulatfragmenten als Subpartikel zusammensetzen. Abbildung 1-4b zeigt die Rasterelektronenmikroskop (SEM) Mikrographie eines solchen sprühgetrockneten Fällungskieselgels.

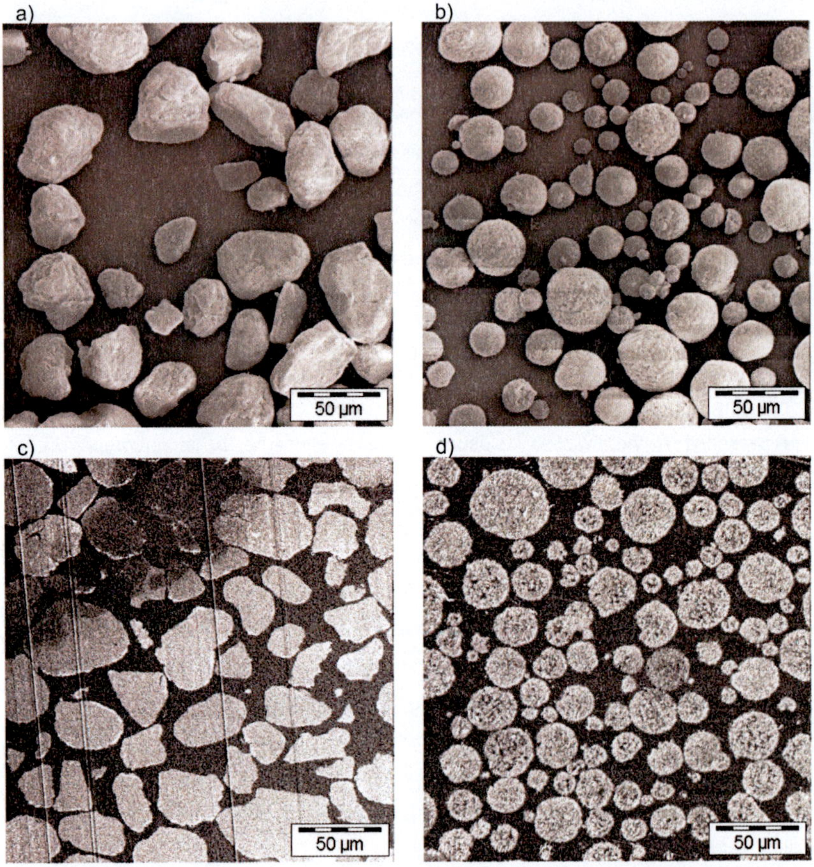

Abb. 1-4: SEM Mikrographien eines typischen granulären Fällungskieselgels (a) und eines typischen sprühgetrockneten Fällungskieselgels (b), sowie die aus den zugehörigen Blockanschnitten ersichtliche Volumenstruktur dieser Fällungskieselgele (c und d).

Der zweite Trocknungsschritt führt jedoch zu Oberflächenverlusten, wie auch ein weiteres Benetzen des Fällungskieselgels mit Wasser oder anderen polaren Lösungsmitteln und anschließendes Trocknen. Abbildung 1-4c und 1-4d zeigen SEM Mikrographien von Blockanschnitten der in Epoxydharz eingebetteten Partikel. Während das granuläre Fällungskieselgel (1-4c, helle Partikel in der dunkleren Epoxidmatrix) keine größeren Kavitäten besitzt, erkennt man im Falle des sprühgetrockneten Fällungskieselgels (1-4d) die charakteristische Hohlraumstruktur mit zahlreichen Kavernen, welche eine wesentlichen Beitrag zum Gesamtvolumen einer Partikel leisten, kaum aber zu deren spezifischer Oberfläche beitragen.

Abbildung 1-5 zeigt Transmissionselektronenmikroskop (TEM) Mikrographien von auf Butvar-Folien geträgerten Ultradünnschnitten, welche beim Anfertigen der in Abbildung 1-4c und 1-4d dargestellten Blockanschnitte erhalten wurden. 1-5a und 1-5c illustrieren die Nanostruktur des granulären Fällungskieselgels, 1-5b und 1-5d illustrieren die Nanostruktur des sprühgetrockneten Fällungskieselgels. In den beiden Übersichtsaufnahmen sind die dunkleren Silicapartikel deutlich in Ihren Konturen zu erkennen. Das einbettende Epoxidharz ist in den TEM Mikrographien weitgehend strukturlos, die Butvar-Trägerfolie besitzt einige, zumeist runde Löcher. Beide Präparate weisen als Artefakt aus dem Schnittprozess mittels des Ultramikrotoms längliche Löcher mit gleichartiger Orientierung, senkrecht zur Schneiderichtung im Bereich der Silicapartikel auf. Dennoch ist beim sprühgetrockneten Fällungskieselgel (1-5b) gut der Aufbau aus diskreten granulären Fragmenten erkennbar.

Die unteren Mikrographien zeigen jeweils ein über einem Loch im Trägerfilm liegenden Partikelausschnitt. Hier kann die Substruktur aus Partikeln mit einer Korngröße um 10 nm aufgelöst werden. Obgleich es sich im Bildausschnitt 1-5d um die im Sprühtrocknungsprozess verklebte Grenze zwischen zwei Granulatfragmenten handelt, ist keine prinzipiell verschiede Primärstruktur erkennbar. Allenfalls scheint die Größe der Primärpartikel aus dem Sprühtrocknungsprozess etwas unter der Primärpartikelgröße des verwendeten granulären Fällungskieselgels zu liegen, da die Korngröße beiderseits des vermutlich als Schnittartefakts entstandenen Spaltes etwas unterhalb der Korngröße des granulären Materials liegt.

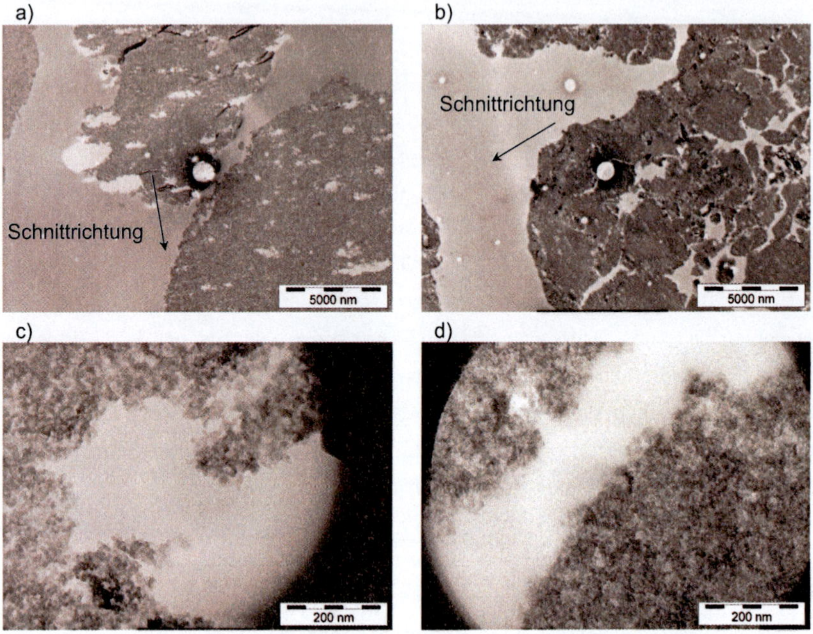

Abb. 1-5: TEM Mikrographien der Volumenstruktur eines granulären Fällungskieselgels (a und c) und eines sprühgetrockneten Fällungskieselgels (b und d), Ultradünnschnitte des in Epoxidharz eingebetteten Katalysatorträgers auf Butvar-Trägerfilmen.

Die Größe dieser in der TEM Mikrographie sichtbaren Primärpartikel des Fällungskieselgels wird durch die Größe der Mizellen, welche sich bei der Säure-Base-Reaktion des Natriumwasserglas mit Schwefelsäure bilden, bestimmt. Diese rund 10 nm großen Primärpartikel repräsentieren damit die kleinste Untereinheit des Fällungskieselgels. Als Folge einer Agglomeration der Primärpartikel, die z. T. 50 bis 80 nm große Cluster bilden, kommt es zur Ausbildung eines Porensystems aus Mikro- und Mesoporen.[48] Nur über kleine Spalte zwischen diesen Primärpartikeln beziehungsweise deren Clustern ist der größte Teil der spezifischen Oberfläche des Fällungskieselgels zugänglich.

BET-Messungen an Fällungskieselgel zeigen ganz überwiegend Porengrößen im Bereich unter 20 nm,[49] was in der Größenordnung gut den Zwischenräumen der Primärpartikel entspricht. Nach IUPAC-Definition[50, 51] lassen sich Porengrößen wie folgt einteilen: Mikroporen haben einen Durchmesser bis zu 2.0 nm, Mesoporen liegen im Bereich von 2.0 bis 50 nm und Makroporen haben Durchmesser größer als 50 nm.

Während der Olefinpolymerisation zerfällt das als Katalysatorträger eingesetzte Fällungskieselgel durch die hydraulischen Kräfte des entstehenden Polymers in die durch die Micellellengröße vorgegebenen Primärpartikel. Die einzelnen Primärpartikel als kleinste Basiseinheit des Silica-Trägermaterials sind unter den üblichen Polymerisationsbedingungen nicht weiter fragmentierbar. Demzufolge sind die Primärpartikel auch im Endpolymerisat nachweisbar. Dort liegen sie fein dispergiert in der resultierenden Polymermatrix vor. Aufgrund eines entsprechend günstigen Mengenverhältnisses von Polymer zu den SiO_2-Primärpartikeln und vor allem infolge ihrer geringen Größe von rund 10 nm wirken sie sich aber nicht negativ auf die Produkteigenschaften oder auf die Weiterverarbeitung des Polymeren aus. Jedoch ist die umfassende Fragmentierbarkeit des Trägermaterials bis auf ihre 10 nm großen Untereinheiten während des Polymerisationsprozesses von großer Bedeutung für die Produktqualität, da Restfragmente des SiO_2 $\gg$ 10 nm z. B. hinsichtlich einer Verwendung im Folienbereich (optische Qualität) den Wert des Produktes erheblich mindern. Über den Herstellungsprozess des Trägermaterials lässt sich nicht nur die Partikelgröße – sowohl der Pellets als auch der Primärpartikel – steuern, durch eine geschickte Rezepturauswahl gelingt es darüber hinaus, die Fragilität des SiO_2-Trägermaterials, die eine erhebliche Bedeutung in Bezug auf das Fragmentationsverhalten der Partikel im Polymerisationsprozess hat, sehr genau auf die individuellen Bedürfnisse der gewählten Reaktionsführung abzustimmen. Dies ist von großer Wichtigkeit, da zum einen eine hinreichende mechanische Stabilität des Trägermaterials im Reaktoreinsatz z. B. in Anbetracht einer effizienten Rührung unbedingt gegeben sein muss. Andererseits muss aber auch gewährleistet sein, dass das Trägermaterial des Katalysators durch die hydraulischen Kräfte des wachsenden Polymeres fragmentierbar ist. Damit kommt bereits der Auswahl und Herstellung geeigneter SiO_2-Trägermaterialen im Hinblick auf die Qualität des herzustellenden Polymers eine Schlüsselrolle zu.

Die chemischen Eigenschaften von Fällungskieselgelen werden weitgehend durch ihre Oberfläche, insbesondere durch die Anwesenheit der Silanolgruppen bestimmt. Eine

Veränderung dieser Struktur durch thermische oder durch eine nachträgliche chemische Behandlung kann das Eigenschaftsspektrum stark verändern, so dass auch auf diesem Wege die Anwendungsmöglichkeiten erweitert werden können.

Die Beschaffenheit der Silanolgruppen auf der inneren und äußeren Oberfläche der Silicagele wurde mit unterschiedlichen Techniken untersucht: paramagnetischen Proben,[52, 53] Infrarotspektroskopie[54, 55] und Titrationen.[52, 56] In Abbildung 1-6 ist die Veränderung einer Kieselgeloberfläche von einer silanolhaltigen zu einer Siloxanoberfläche unter Temperatureinwirkung schematisch dargestellt. Reines Fällungskiesel besitzt eine mit Silanolgruppen bedeckte Oberfläche, die maximal 8 Broensted saure OH-Gruppen pro nm^2 enthält.[57] Sie kommen meist als geminale oder isolierte Silanolgruppen vor und sind weder sehr sauer noch sehr basisch (pK, = 6). Die hydroxylierte Oberfläche ist hydrophil und adsorbiert sehr leicht Feuchtigkeit aus der Luft. Dieses physisorbierte Wasser kann durch eine thermische Behandlung bei 100-200 °C desorbiert werden. Dabei kommt es ebenfalls zu einer partiellen Dehydroxylierung des Kieselgels, wodurch sich die Anzahl der OH-Gruppen pro nm^2 auf ca. 5,5 reduziert (ca. 5 Gew.% Silanolgruppen bei einem 300 m^2 / g Fällungskiesel). Die Hälfte der Hydroxylgruppen setzt sich aus geminalen, die andere Hälfte aus vicinalen Paaren zusammen. Mit zunehmender Temperatur nimmt die Anzahl der Hydroxylgruppen stetig ab, bis bei einer Temperatur von 600-800°C ein fast vollständig dehydroxyliertes Fällungskiesel mit ca.1 Silanolgruppe pro nm^2 vorliegt. Ab dieser Silanolkonzentration ist die Oberfläche hydrophob.

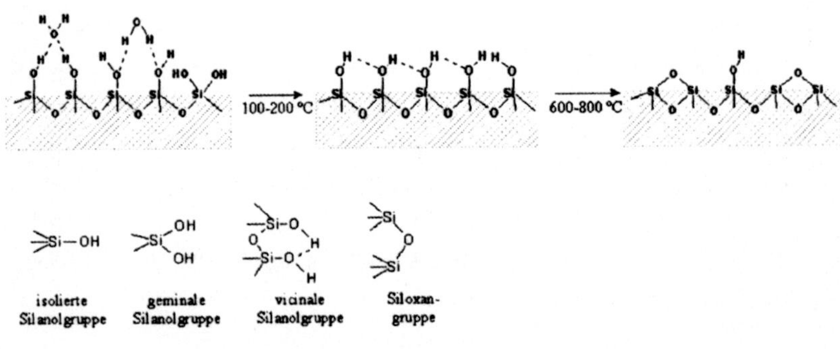

Abb. 1-6: Schematische Darstellung der Dehydroxylierung einer Kieselgel-Oberfläche unter Temperatureinwirkung[58]

1.5 Herstellung von Metallocen / MAO / Silica - Katalysatoren

Einen entscheidenden Einfluss auf das Trägerungsergebnis hat bereits die Vorbehandlung des Fällungskieselgels.[59] Neben den beschriebenen Herstellungsparametern kommt der Trocknung eine entscheidende Rolle zu. Sie bestimmt den Restwassergehalt des Trägermaterials und die Oberflächenkonzentration der Silanolgruppen. Temperatur, Vakuum und andere Prozessgrössen, wie die Strömungsgeschwindigkeit eines Inertgases, müssen so gewählt werden, dass eine reproduzierbare Oberflächenbeschaffenheit resultiert.

Das Aufbringen der Aktivkomponenten Metallocen und MAO auf das Trägermaterial erfolgt zumeist in Suspension, wobei Metallocen und MAO im Lösungsmittel löslich sind und das Fällungskieselgel (Silica) als Feststoff zugesetzt wird.[60, 61] Dabei sind, wie in Abbildung 1-7 skizziert, verschiedene Abfolgen möglich.[62] So kann zunächst nur das Metallocen auf das Trägermaterial aufgebracht werden und in einem zweiten Reaktionsschritt oder im Polymerisationsprozess selbst MAO als Co-Katalysator zur Metallocen / Silica - Suspension hinzugefügt werden. Es ist jedoch zu erwarten, dass das Metallocen auf dem Silica nicht nur physisorbiert wird sondern auch mit Silanolgruppen an der Trägeroberfläche bzw. oberflächengebundenen Wassermolekülen reagiert und dabei unerwünschte Reaktionen, bevorzugt unter Spaltung der Metall - Halogen - Bindung, eingeht.[63] Insofern erscheint es sinnvoll, das Trägermaterial zunächst mit MAO zu beladen, welches ohnehin in hohem stöchiometrischen Überschuss eingesetzt werden muss. Dann kann in einem zweiten Trägerungsschritt das Metallocen mit dem trägerfixierten MAO zur Reaktion gebracht werden. Es zeigt sich jedoch, dass hierbei meist nur vergleichsweise niedrige Polymerisationsaktivitäten erzielt werden, wahrscheinlich weil nur ein Bruchteil aller Metallocenzentren durch Methylierung und Bildung eines Ionenpaares mit MAO[64] aktiviert werden. Auch spielt das Metallocen / Aluminium-Verhältnis eine entscheidende Rolle im Aktivierungsprozess.[65]

Noch effektiver in der Aktivierung ist es offenbar, Metallocen und MAO zunächst in Lösung eine gewisse Zeit reagieren zu lassen und erst dann mit MAO vorbehandeltes Silica hinzuzufügen. Auf diese Weise lassen sich eine hohe Beladung des Trägers mit

Katalysator und Co-Katalysator, einhergehend mit einer hohen Aktivierungsrate der einzelnen Metallocenzentren erreichen. Das Katalysatorsystem erreicht bei Vergleichsweise geringem Einsatz an Metallocen und MAO ein Maximum an Produktivität.

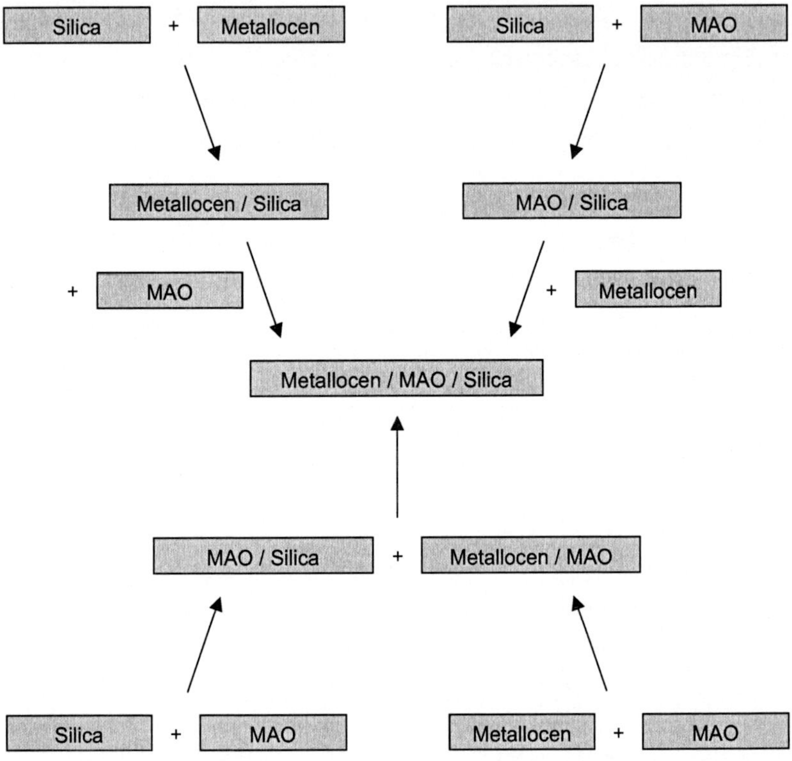

Abb. 1-7: Gebräuchliche Reaktionssequenzen zur Herstellung von Metallocen / MAO / Silica Katalysatorsystemen.

1.6 Polymer growth and particle expansion model

Industriell werden Ethen und Propen heute überwiegend in Suspensions-, Masse- und Gasphasenverfahren unter Verwendung heterogener Katalysatoren polymerisiert. Dabei wird die Form der ursprünglichen Katalysatorpartikel benutzt, um die Morphologie des Endproduktes zu steuern.[66, 67] Ausgehend von der ursprünglichen Katalysatorgestalt, typischerweise einer porösen Mikrokugel, bildet sich eine Polymerpartikel aus. Dabei wird die Katalysatorpartikel durch die hydraulischen Kräfte des entstehenden Polymers in Bruchstücke von wenigen Nanometern Größe aufgespalten. Dieser Prozess beginnt an der Katalysatoroberfläche und setzt sich in Richtung des Partikelzentrums fort. Die resultierenden Polymerpartikel replizieren somit die Ausgangsgestalt des Katalysators, wobei sich die Korngröße drastisch erhöht. Teilchenform und Teilchengrößenverteilung von Katalysator und Polymeren stimmen überein. Schließlich haben die verbliebenen Katalysatorfragmente eine so geringe Konzentration und Größe, dass sie die Produkteigenschaften des Polymers nicht beeinflussen und im Endprodukt verbleiben können. Darüber hinaus ist eine optimale Morphologiekontrolle möglich, z. B. im Hinblick auf eine hohe Schüttdichte des Polymergranulats.

Um den Ablauf solcher wirtschaftlich hochrelevanten Industrieprozesse im Labormaßstab zu erforschen, verwendet man allgemein Glas- oder Stahlautoklaven von 500-5000 ml Fassungsvermögen. Bei Suspensions- oder Gasphasenpolymerisationen kann der Monomerverbrauch dabei mit Massendurchflussmessern online ermittelt werden. Wichtige Informationen über die Trägerfragmentierung liefern elektronenmikroskopische Untersuchungen von Schnittpräparaten einzelner Katalysator-Partikel in Abhängigkeit von der Polymerisationszeit. Jüngst wurde die Reaktionskalorimetrie erfolgreich zur Umsatzbestimmung in der Massepolymerisationen eingesetzt.[68, 69]

Untersucht man die Kinetik von Suspensionspolymerisationen unter sehr milden Modellbedingungen, so zeigt sich, dass einzelne, typische Phasen im zeitlichen Ablauf der Polymerisation durchlaufen werden. Bricht man die Polymerisationen nun innerhalb dieser einzelnen Phasen ab und untersucht die Polymerproben mit Hilfe der Elektronenmikroskopie, so können den kinetischen Phasen bestimmte

Fragmentierungszustände des Trägermaterials zugeordnet werden. Diese Erkenntnisse führten zur Entwicklung eines *polymer growth and particle expansion model*.[35, 58, 70-74]

Nach dem *polymer growth and particle expansion model* lässt sich der Polymerisationsprozess in kurzgefasster Form so darstellen (Abbildung 1-8): Auf eine anfängliche Präpolymerisationsphase unmittelbar zu Beginn der Reaktion, bei der um die jeweiligen Partikel eine dünne Polymerhülle gebildet wird, folgt eine Phase verminderter Aktivität.

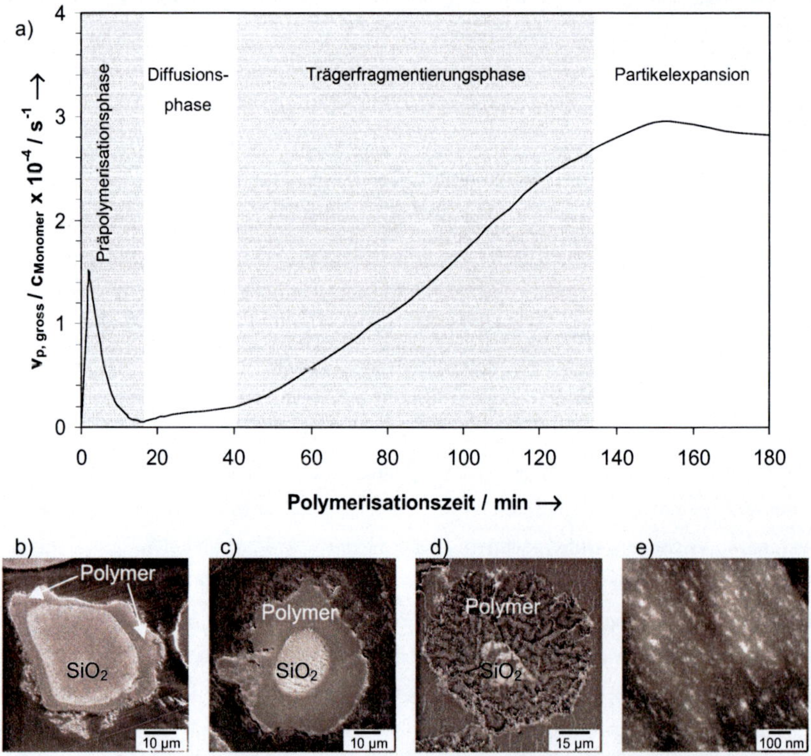

Abb. 1-8: a) Polymerisationsgeschwindigkeit in Suspension in Abhängigkeit von der Zeit mit den verschiedenen Ablaufphasen. b)-d) SEM-Mikrographien von Ultradünnschnitten einer Partikel b) in der Präpolymerisationsphase, c) und d) in der Trägerfragmentierungsphase, e) TEM-Mikrographie eines Ultradünnschnitts einer Partikel in der Phase der Partikelexpansion.

Diese wird durch die diffusionslimitierende Wirkung der kristallinen Polymerhülle hervorgerufen. Nach dieser „Diffusionsphase“ sind in zunehmendem Maße auch aktive Zentren im Inneren der Partikel mit Monomer versorgt, so dass nun durch die hydraulischen Kräfte, die sich aus dem Polymerwachstum ergeben, die Fragmentierungsphase beginnt. Durch diese Fragmentierung des SiO_2-Trägers von außen nach innen werden neue polymerisationsaktive Zentren freigesetzt, so dass die Gesamtpolymerisationsgeschwindigkeit zunimmt. Mit dem Erreichen des Geschwindigkeitsmaximums ist der Fragmentationsprozess abgeschlossen. Dieser Verlauf konnte durch elektronenmikroskopische Untersuchungen von Querschnittspräparaten einzelner Polymerpartikel charakterisiert werden.[16, 28] Das SiO_2-Trägermaterial, das ursprünglich aus ca. 30-60 µm großen Partikeln bestand, liegt nun in Form seiner 10-20 nm großen Primärpartikel feinst verteilt in einer Polymermatrix vor, die aufgrund der fortschreitenden Polymerisation expandiert. Die im weitern Verlauf der Polymerisation typischerweise beobachtete Verlangsamung der Partikelexpansion resultiert aus immer länger werdenden Diffusionswegen. Die Anzahl der polymerisationsaktiven Zentren nimmt nicht weiter zu, wohl aber die Polymermenge und damit die Partikelgröße beziehungsweise die Länge der Diffusionswege für das Monomer. Dieser gesamte Polymerisationsprozess ließ sich auch durch eine vollständige mathematisch Modellierung belegen.[75, 76]

1.7 Problemstellung

Es stehen heute eine Vielzahl hochaktiver Metallocen-Katalysatoren mit zum Teil maßgeschneidertem Eigenschaftsprofil zur Verfügung. Ihre Struktur und Wirkungsweise in der homogenen Polymerisationskatalyse wurde detailliert untersucht. Werden solche Katalysatoren jedoch durch eine Trägerung, z. B. auf Silica, für den industriellen Einsatz in den bestehenden Polymerisationsanlagen mit "drop in Technologie" nutzbar gemacht, so ergeben sich eine Reihe neuer Fragestellungen. So hat neben den Eigenschaften des Katalysatorträgers und der katalytisch aktiven Komponenten auch deren Verteilung auf dem Trägermaterial einen entscheidenden Einfluss auf die Polymerisationsverlauf des Katalysatorsystems. Diffusionslimitierungen, der Wärmetransport und das Fragmentieren des Katalysatorträgers beeinflussen fundamental den Produktionsprozess mit solchen Katalysatoren.

In dieser Arbeit sollen zunächst eine Reihe verschiedener Metallocen / MAO / Silica – Katalysatoren mit Hilfe der Elektronenmikroskopie vergleichend untersucht werden. Typische Anomalien aus dem Trägerungsprozess sollen herausgearbeitet und die Auswirkungen auf das Polymerisationsverhalten diskutiert werden. Hierbei soll überprüft werden, ob die Vorstellungen aus dem *polymer growth and particle expansion model* auch auf die industriell bedeutsame Massepolymerisation in flüssigem Propen angewendet werden können. Aufgrund der deutlich höheren Monomerkonzentration ist eine viel schnellere Partikelfragmentierung zu erwarten. Deshalb soll insbesondere die wichtige frühe Phase, in welcher die ersten Schritte der Partikelfragmentierung ablaufen detailliert untersucht werden. Es soll überprüft werden, ob die Modellvorstellungen nicht nur unter milden Modellbedingungen in der Suspensionspolymerisation relevant sind, sondern auch bei Polymerisationen unter wesentlich drastischeren Bedingungen, wie sie in der industriellen Produktion üblich sind, ihre Gültigkeit behalten.

Im weiteren soll überprüft werden, ob die Erkenntnisse aus dem *polymer growth and particle expansion model* auch auf die Polymerisation mit auf Silica geträgerten Ziegler-Katalysatoren übertragbar sind. Hierzu sollen zwei Modellkatalysatoren eingehend charakterisiert und in ihrem Polymerisationsverlauf verglichen werden.

Einen weiteren wichtigen Baustein der Arbeit bildet der Aufbau einer Pilotanlage zur *in situ* videomikroskopischen Analyse von Gasphasenpolymerisationen unter hohem Monomergasdruck. Ein neues Verfahren zur mikrokinetischen Analyse von Polymerisationen soll anhand verschiedener Katalysatoren erprobt werden und auf Nutzen und Limitierungen geprüft werden. Dabei liegt das Hauptaugenmerk auf der Polymerisation mit Metallocen / MAO / Silica – Katalysatoren, es soll aber auch die Anwendbarkeit für auf Silica geträgerte Ziegler-Katalysatoren überprüft werden.

2 Vergleichende Untersuchung der Ziegler-Katalysatoren ZK 1 und ZK 2

Ziegler-Katalysatoren spielen weiterhin eine dominierende Rolle in der industriellen Polypropenproduktion. Häufig wird Magnesiumchlorid neben seiner katalytischen Rolle in solchen Katalysatorsystemen auch als Trägermaterial eingesetzt.[77] Jedoch sind diese auf Magnesiumchlorid geträgerten Katalysatorsysteme recht fragil und erfordern in kontinuierlich gefahrenen Anlagen zur Gasphasenpolymerisation meist einen vorgeschalteten Präpolymerisationsschritt, um eine Morphologiekontrolle des Produktes zu erzielen.[78, 79] Im Präpolymerisationsschritt werden die Katalysatorfragmente unter milden Bedingungen in der sich bildenden Polymermatrix fixiert und so die Morphologie des Katalysatorsystems repliziert. Erst diese polymerstabilisierten Partikel werden dem Hauptpolymerisationsprozess zugeführt. Wird der Katalysator direkt unter den drastischeren Bedingungen der Hauptpolymerisation anpolymerisiert, zerfallen die Katalysatorpartikel, die Morphologiekontrolle geht verloren. Wird zusätzlich ein Träger aus porösem Siliziumdioxid verwendet, so kann der Präpolymerisationsschritt eingespart und der Katalysator direkt in den Hauptpolymerisationsreaktor dosiert werden. Der rigidere Silica-Träger kann eine Morphologiekontrolle auch unter den drastischern Bedingungen der Hauptpolymerisation gewährleisten.

2.1 Charakterisierung von ZK 1 und ZK 2

Mit ZK 1 und ZK 2 wurden zwei auf Silica geträgerte Ziegler-Katalysatoren vergleichend untersucht, die sich nur durch eine unterschiedliche Verteilung der Aktivkomponenten auf dem Trägermaterial unterscheiden. Beide Katalysatorsysteme wurden auf identischem Silica-Trägermaterial fixiert. Es handelt sich um ein granuläres Silica, welches keinen Sprühtrocknungsprozess durchlaufen hat, sondern direkt durch Zerkleinern von Fällungskieselgel erzeugt wurde. Das granuläre Silica zeigt zwar eine recht ungleichmäßige, kantige äußere Morphologie der Einzelpartikel, jedoch ist das Partikelvolumen der einzelnen Trägerkörner sehr homogen und sie enthalten keine größeren Kavitäten. Dieses erleichtert das Studium der Elementverteilung über das Volumen der einzelnen Katalysatorpartikel mit Hilfe der Rasterelektronenmikroskopie und energiedispersiven Röntgenspektroskopie deutlich. Abbildung 2-1 zeigt SEM Mikrographien des verwendeten granulären Silicaträgers. Anhand der Mikrographien kann man eine mittlere Partikelgröße von ca. 50 µm ermitteln. Deutlich erkennt man die durch Vermahlen größerer Bruchstücke erhaltene äußere Partikelform mit sichtbaren Bruchkanten. Im Vergleich zu sprühgetrocknetem Silicaträgern weicht die äußere Partikelgestalt mehr von der angestrebten sphärischen Partikelform ab.

Abb. 2-1: SEM Mikrographien des granulären Silicaträgers, aufgestreut auf ein Leit-Tap und mit 10 nm Gold besputtert.

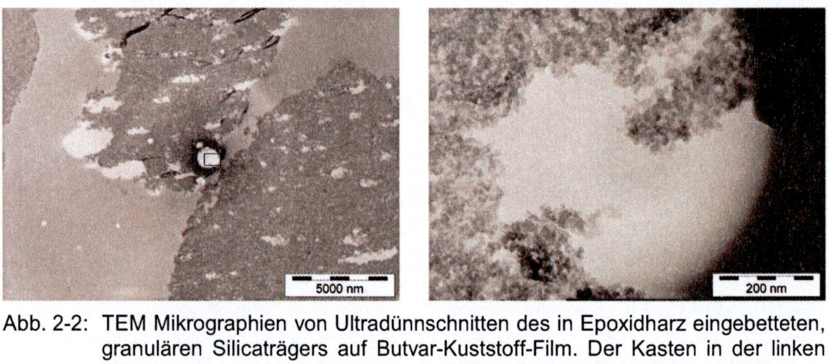

Abb. 2-2: TEM Mikrographien von Ultradünnschnitten des in Epoxidharz eingebetteten, granulären Silicaträgers auf Butvar-Kuststoff-Film. Der Kasten in der linken Mikrographie markiert der rechts vergrößert dargestellten Bildausschnitt.

Abbildung 2-2 zeigt TEM Mikrographien von Ultradünnschnitten des eingesetzten Katalysatorträgers. In der Übersichtsaufnahme ist die homogene Struktur des Trägers gut zu erkennen. Bei den Löchern innerhalb der Partikel handelt es sich um Artefakte aus der Anfertigung der Ultradünnschnitte. In der höher vergrößerten Mikrographie sind die Primärpartikeln von etwa 10 nm Größe, aus denen die Trägerpartikel aufgebaut sind über einem Loch im Butvar-Täger-Film in guter Auflösung zu erkennen.

Die Beladung des Silicaträgers mit den Aktivkomponenten erfolgte so, dass die integrale Elementzusammensetzung beider Katalysatorsysteme nahezu identisch ist. Tabelle 2-1 zeigt die atomaren Verhältnisse aus der Quantifizierung von EDX- Bereichsmessungen an Blockanschnitten der eingebetteten Katalysatorproben. Normiert man den Gehalt an Magnesium und Titan auf den Siliziumgehalt, so liegen die Abweichungen beider Systeme untereinander in der Größenordnung der Reproduzierbarkeitsgrenzen der einzelnen Messungen.

Atomare Verhältnisse (EDX- Bereichsmessungen am Blockanschnitt)	Katalysatorsystem ZK 1	Katalysatorsystem ZK 2
Silizium	100	100
Magnesium	21	20
Titan	10	10

Tab. 2-1: Atomare Verhältnisse aus der Quantifizierung von EDX- Bereichsmessungen an Blockanschnitten der eingebetteten Katalysatorproben.

Die in Abbildung 2-3 verglichenen Mikrographien und die zugehörigen Elementverteilungsbilder offenbaren jedoch signifikante Unterschiede in der lokalen Verteilung der Magnesiumchloridkomponente auf den einzelnen Trägerpartikeln. Für Katalysatorsystem ZK 1 kann typischerweise eine höhere Magnesiumchloridkonzentration an der Partikeloberfläche beobachtet werden: Es zeigen sich in der 2-D Projektion der Elementverteilungsbildern für Magnesium und Chlor helle Ringe an den Partikelrändern, entsprechend einer schalenartigen Anreicherungen dieser Elemente an den Partikeloberflächen. Dagegen zeigt Katalysatorsystem ZK 2 eine weitgehend homogene Verteilung der Elemente Magnesium und Chlor über die gesamten Trägerpartikel. Die Titankonzentration ist für beide Systeme über das gesamte Trägervolumen konstant. Abbildung 2-4 verdeutlicht diesen Sachverhalt, der bereits in den Übersichtsaufnahmen von Abbildung 2-3 bemerkbar ist, anhand weniger exemplarischer Partikel in höherer Vergrößerung.

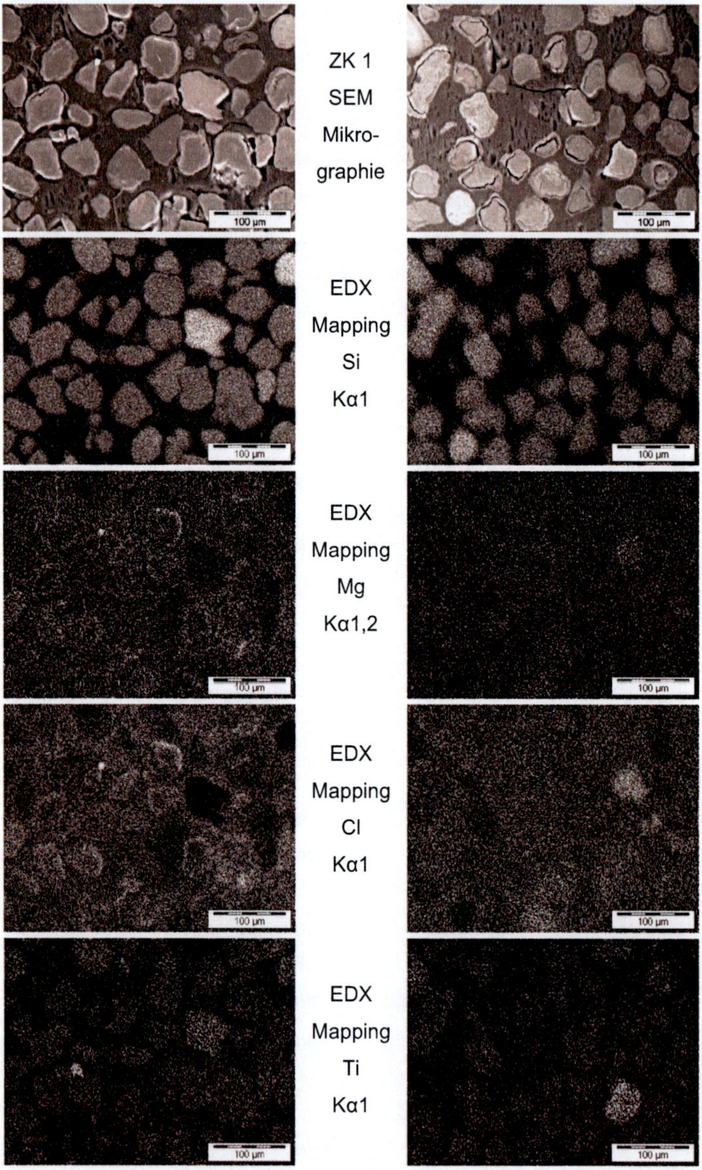

Abb. 2-3: SEM-Übersichtsaufnahmen von Blockanschnitten der Katalysatorsysteme ZK 1 und ZK 2 sowie die zugehörigen Elementvereilungsbilder für Silizium, Magnesium, Chlor und Titan.

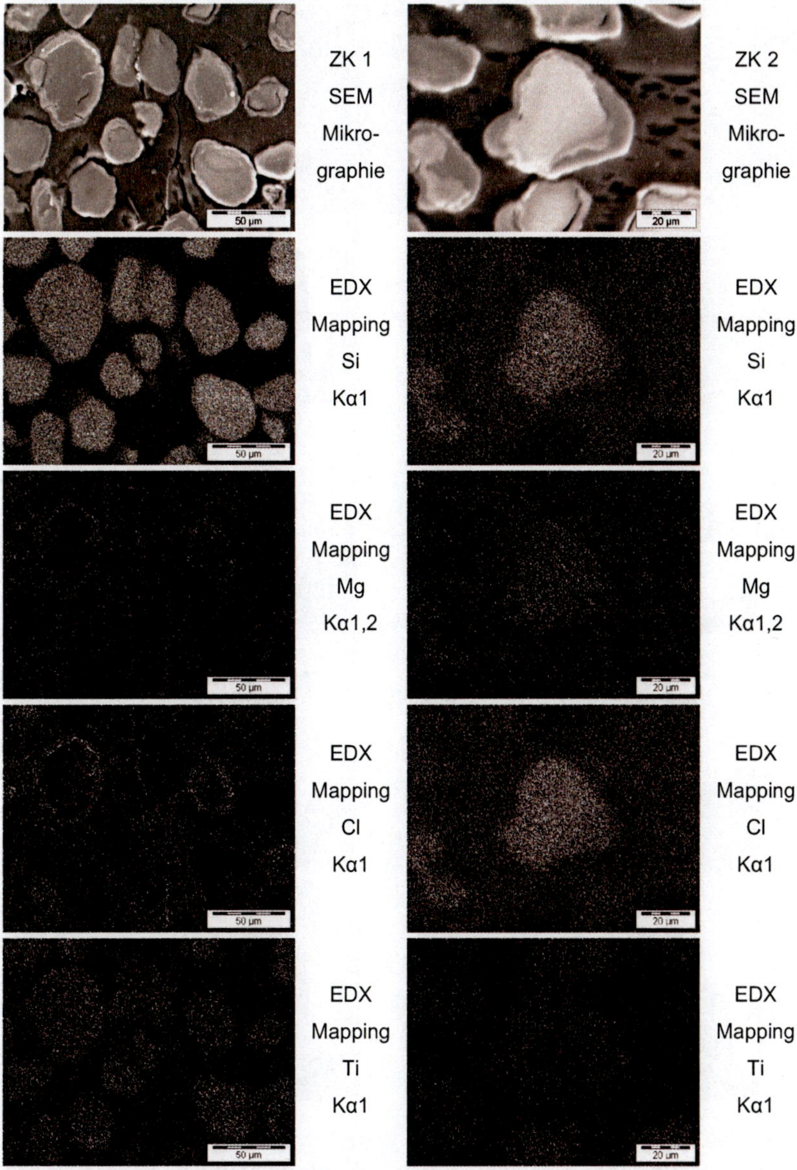

Abb. 2-4: SEM-Aufnahmen (Ausschnitte aus Abb. 2-3) von Blockanschnitten typischer Partikel der Katalysatorsysteme ZK 1 und ZK 2 sowie die zugehörigen Elementvereilungsbilder für Silizium, Magnesium, Chlor und Titan.

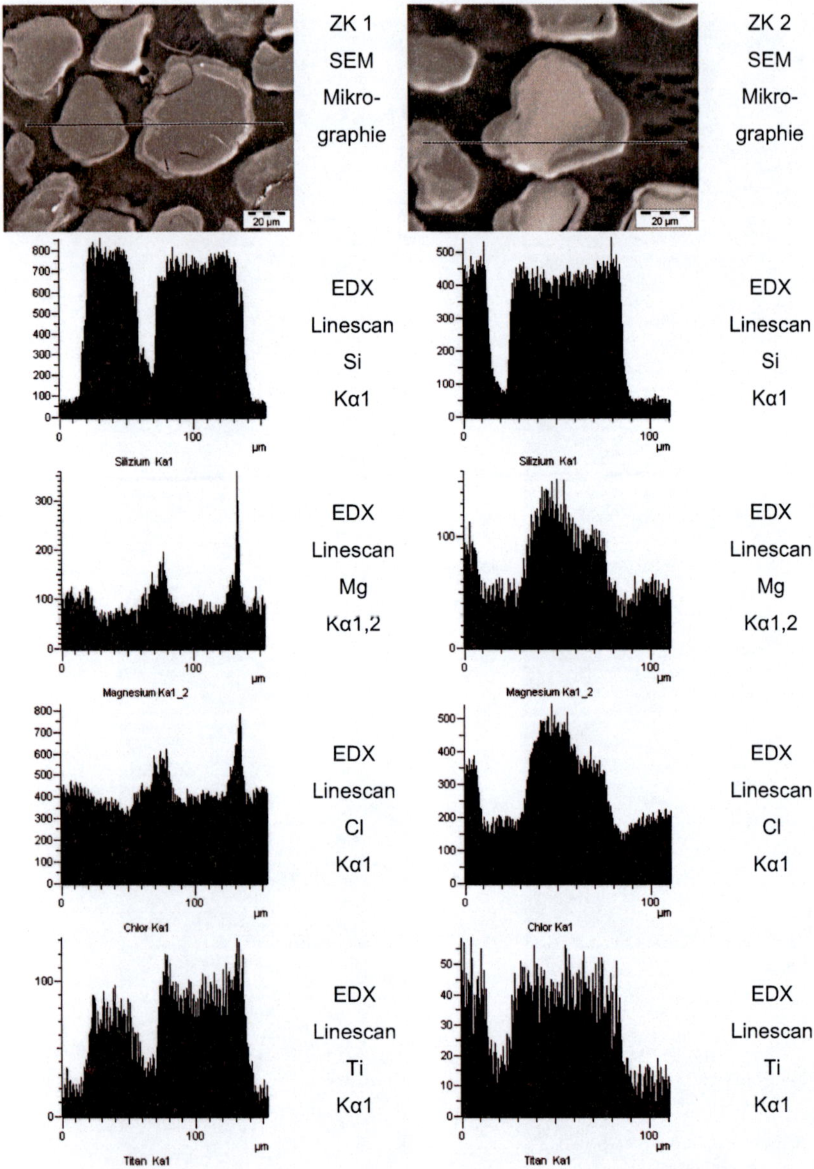

Abb. 2-5: SEM-Aufnahmen von Blockanschnitten typischer Partikel der Katalysatorsysteme ZK 1 und ZK 2 sowie die zugehörigen EDX-Linescan-Analysen für Silizium, Magnesium, Chlor und Titan.

Während bei Katalysatorsystem ZK 2 nahezu alle Partikel homogen mit Magnesiumchlorid durchtränkt sind, zeigt Katalysatorsystem ZK 1 in einer etwa 10 µm dicken äußeren Schale eine deutlich höhere Magnesiumchloridkonzentration als in den Zentren der einzelnen Trägerpartikel.

Die in Abbildung 2-5 wiedergegebenen EDX-Linescan-Analysen erlauben eine noch detaillierteren Einblick in die Elementverteilung typischer Partikel der Katalysatorsysteme ZK 1 und ZK 2 entlang der in den SEM-Mikrographien eingezeichneten Linien. Es bestätigt sich die Aussage, dass für Katalysatorsystem ZK 1 eine Anreicherung von Magnesiumchlorid an der Partikeloberfläche typisch ist, während Katalysatorsystem ZK 2 eine homogene Magnesiumchloridverteilung über das gesamte Partikelvolumen aufweist. Ebenfalls zeigt sich für beide Katalysatorsysteme erneut eine homogene Titanverteilung.

2.2 Suspensionspolymerisation von Propen mit ZK 1 und ZK 2

Um die Konsequenzen dieser unterschiedlichen Beladung auf das Polymerisationsverhalten zu ermitteln, wurden Suspensionspolymerisationen in Exxsol unter identischen Bedingungen bei 30 °C und 50 °C durchgeführt.

Unter den sehr milden Bedingungen bei 30 °C hat Katalysator ZK 2 eine etwas höhere Aktivität als Katalysator ZK 1. Bei 50 °C Polymerisationstemperatur hat Katalysator ZK 1 anfangs eine höhere Aktivität, welche jedoch bereits nach etwa 30 Minuten zu sinken beginnt, während Katalysator ZK 2 seine etwas niedrigere Maximalaktivität bis zum Polymerisationsabbruch nach 60 Minuten hält. Im Vergleich zu Katalysator ZK 1 zeigt Katalysator ZK 2 also eine gedämpftere Anspringphase sowie einen langsameren Aktivitätsabfall. Führt man die Suspensionspolymerisation bei 50 °C bis zum Absinken der Polymerisationsgeschwindigkeit nahe Null fort, so ergibt sich eine nahezu identische Gesamtausbeute an Polymer für beide Katalysatorsysteme.

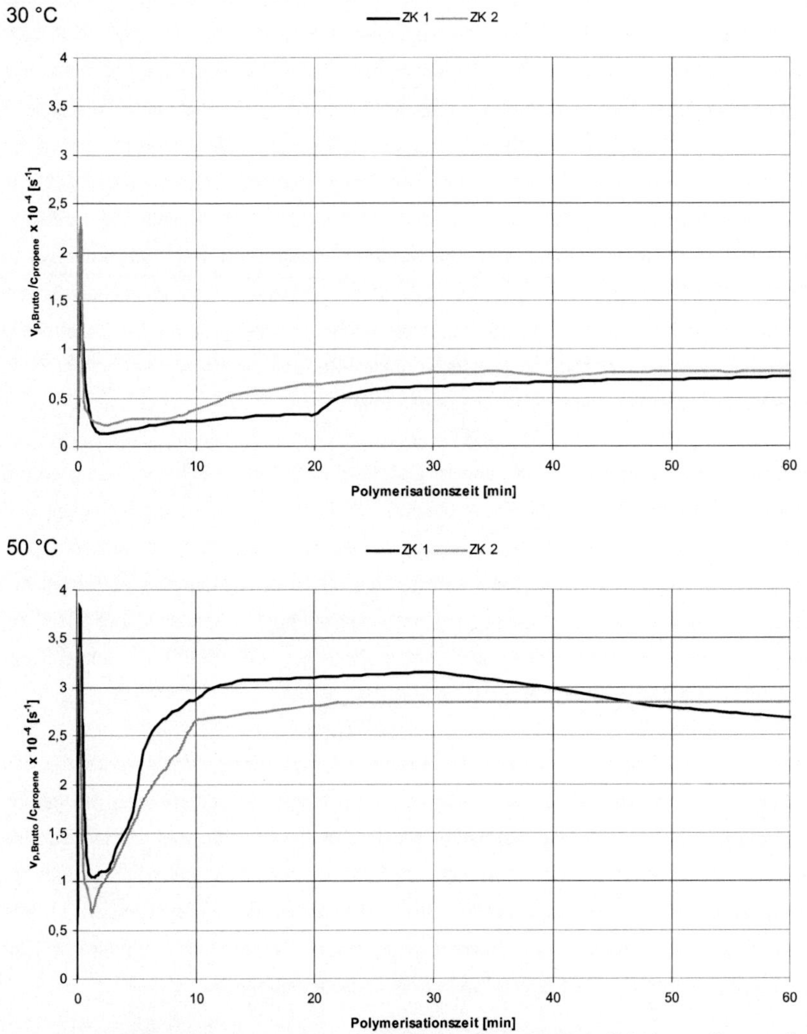

Abb. 2-6: Zeitabhängigkeit der Polymerisationsgeschwindigkeit für die Propenpolymerisation mit den Ziegler-Katalysatoren ZK 1 und ZK 2 bei 30 °C und 50 °C. *Polymerisationsbedingungen: Suspensionspolymerisation in Exxsol, 2 bar Propen; für alle Polymerisationen wurden identische Mengen an Katalysatorsystem und Alumiumalkyl als Co-Katalysator eingesetzt.*

Das beobachtete Verhalten lässt sich auch hier mit Hilfe des *polymer growth and particle expansion model* (Kapitel 1.6) erklären: Prinzipiell steht die gleiche Anzahl aktiver Zentren bei beiden Katalysatorsystemen zur Verfügung. Eine Annahme, die sowohl durch die Elementzusammensetzung (Tabelle 2-1) als auch durch die gleiche Gesamtproduktivität beider Systeme gestützt wird. Durch die unterschiedliche räumliche Verteilung der Aktivkomponenten über das Trägervolumen ist jedoch der zeitliche Verlauf der Trägerfragmentierung – und damit der Zeitpunkt zu dem die einzelnen aktiven Zentren für Monomer zugänglich werden – verschieden. Bei Katalysatorsystem ZK 1 sind viele aktive Zentren in der äußeren, an Magnesiumchlorid reichen Schale lokalisiert. Dadurch sind sie für das Monomer schneller zugänglich als die gleichmäßig über das gesamte Trägervolumen verteilten aktive Zentren des Katalysatorsystem ZK 2, welche einer höheren Diffusionslimitierungen unterliegen.

Für die Geschwindigkeits/Zeit-Kurven ist also für den Fall einer Schalenbildung an der Partikeloberfläche ein schnelleres Ansteigen der Polymerisationsgeschwindigkeit und das Erreichen einer höheren Maximalgeschwindigkeit zu erwarten. Im weiteren sollte dann, im Vergleich zu einem Katalysatorsystem mit einer homogenen Verteilung der Aktivkomponenten, die Polymerisationsgeschwindigkeit auch schneller wieder absinken. Genau dieses Verhalten wird, wie aus Abbildung 2-6 ersichtlich, auch in der Suspensionspolymerisation bei 50 °C beobachtet.

Überträgt man diese Ergebnisse auf technische Polymerisationsprozesse unter deutlich höheren Monomergasdrücken und höheren Polymerisationstemperaturen, so zeigen sich klare Vorteile in der Handhabbarkeit für Katalysator ZK 2: Sowohl das langsamere Anspringen als auch die länger anhaltende hohe Polymerisationsaktivität senken die Ansprüche an die Prozesskontrolle. So sinken z. B. die Anforderungen an die Wärmereaktionsführung der Polymerisationsanlage oder die Genauigkeit der Katalysatordosierung im kontinuierlichen Polymerisationsprozess.

3 Untersuchung der Metallocen / MAO / Silica - Katalysatoren MK 1 - MK 5

3.1 Charakterisierung von MK 1

MK 1 ist ein für die Gasphasenpolymerisation von Propen im Novolen-Prozess konzipierter und optimierter Industriekatalysator. Das Zirkonocen / MAO / Silica - Katalysatorsystem basiert auf einem an den Indenringen substituierten, Dimethylsilylbis(indenyl)zirkonocendichlorid und erzeugt isotaktisches Polypropen. Tabelle 3-1 zeigt den elementaranalytisch bestimmten Zirconium- und Aluminium-Gehalt sowie das [Zr] zu [Al]-Verhältnisses für das Katalysatorsystem MK 1.

EA-Daten	MK 1
Zr-Gehalt [Gew.%]	0.24
Al-Gehalt [Gew.%]	18.6
Verhältnis Zr : Al_{MAO}	1 : 260

Tab. 3-1: Elementaranalytische bestimmte Kenndaten des Katalysatorsystem MK 1.

Das Katalysatorsystem wurde auf Fällungskieselgel geträgert, welches durch Aufschlämmen in einer Wasserglaslösung und einem anschließendem Sprühtrocknen dieser Suspension in einer nahezu sphärischen Partikelform vorliegt. Abbildung 3-1 zeigt SEM Mikrographien des geträgerten Katalysatorsystems. Man erkennt die kugelförmige Partikelgestalt und die enge Größenverteilung mit einer mittlere Korngrößen von circa 70 µm.

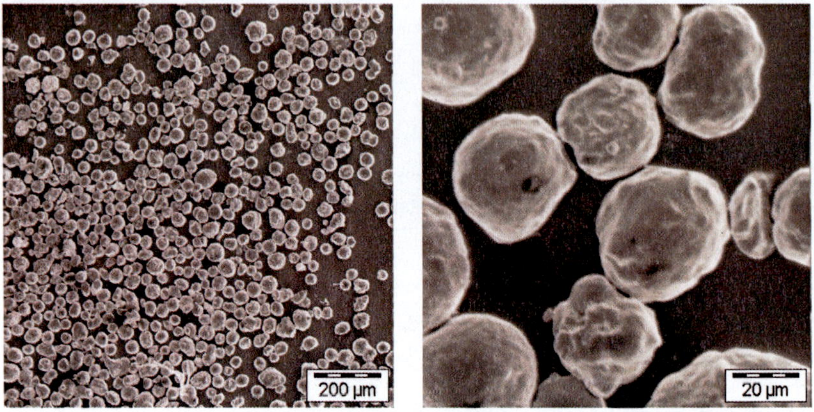

Abb. 3-1: SEM Mikrographien des Katalysatorsystems MK 1, aufgestreut auf ein Leit-Tap und mit 10 nm Gold besputtert.

Tabelle 3-2 zeigt BET-Daten für das Katalysatorsystem MK 1. Es findet sich auch beim geträgerten Katalysatorsystem noch eine für Fällungskieselgele typische, hohe spezifische Oberfläche von knapp 170 m^2/g. Die Porengrößenverteilung zeigt überwiegend Mesoporen, insbesondere im Bereich von 2-30 nm Porendurchmesser.

BET- Daten	MK 1
Spezifische Oberfläche	169 [m^2/g]
Porenanteil 0-2 nm	0.2 %
Porenanteil 2-10 nm	44.3 %
Porenanteil 10-30 nm	33.7 %
Porenanteil 30-50 nm	7.5 %
Porenanteil > 50 nm	14.4 %

Tab. 3-2: BET-Daten für das Katalysatorsystem MK 1.

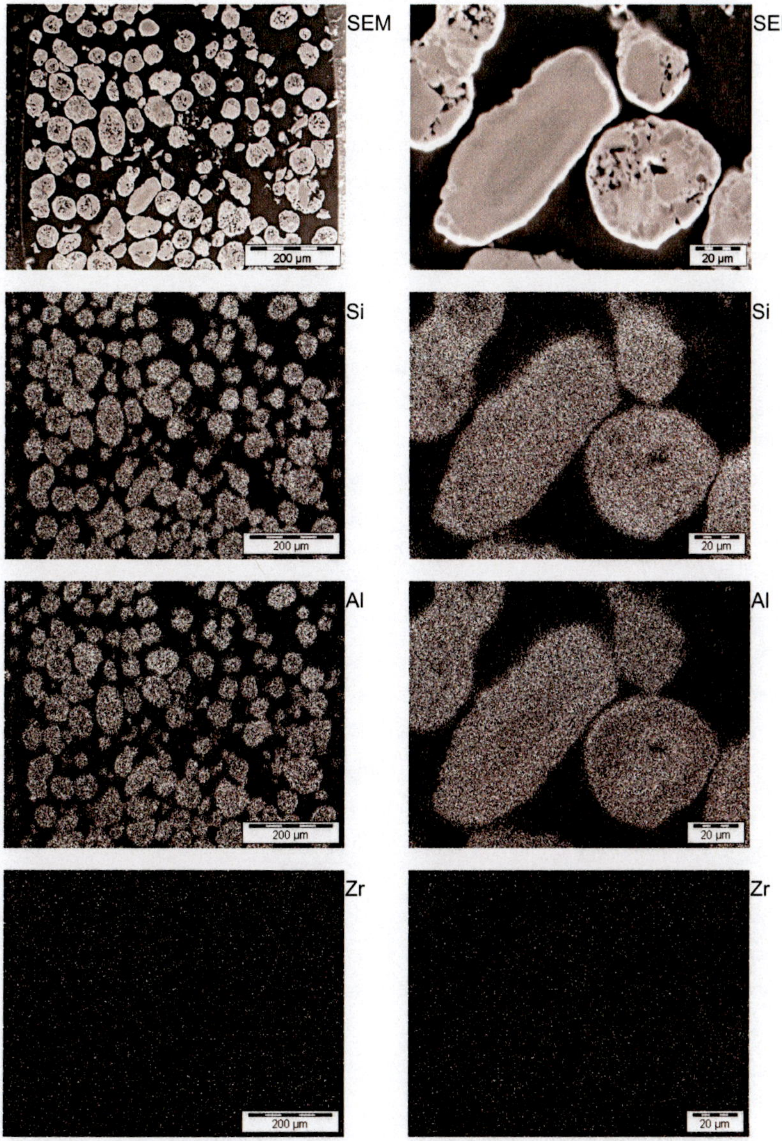

Abb. 3-2: SEM Mikrographien eines Blockanschnitts des in Epoxydharz eingebetteten Katalysatorsystems MK 1 sowie die zugehörigen Elementverteilungsbilder für Silizium, Aluminium und Zirkon.

In Abbildung 3-2 sind SEM Mikrographien und die zugehörigen Elementverteilungsbilder eines Blockanschnitts des Katalysatorsystems MK 1 wiedergegeben. Die linke Spalte zeigt Übersichtsaufnahmen mit zahlreichen Einzelpartikeln, in der rechten Spalte sind einige Partikel höherer Vergrößerung dargestellt. In den SEM Mikrographien erkennt man den Aufbau der sphärischen Einzelpartikel aus kleineren Bruchstücken des Fällungskieselgels, welche durch eine Wasserglasmatrix verklebt sind. Zwischen den Bruchstücken liegen Makroporen mit Durchmessern bis zu einigen Mikrometern. Die Elementverteilungsbilder für Silizium zeigen eine gleichmäßig hohe Konzentration Siliziums über den gesamten Querschnitt aller Partikel. Auch die Aluminiumbeladung ist, sowohl über alle Partikel als auch über deren individuelles Volumen gesehen, sehr homogen. Die Elementverteilungsbilder für Zirkonium zeigen keine Anreicherung dieses Elements in bestimmten Bereichen. Dies lässt den indirekten Schluss zu, dass auch das Zirkonocen weitgehend homogen über das Volumen aller Einzelpartikel verteilt ist.

In Abbildung 3-3 sind oben SEM Mikrographien zweier Einzelpartikel aus dem Blockanschnitts des Katalysatorsystems MK 1 dargestellt. Die in den Bildern eingezeichneten Linien markieren EDX-Linescan-Analysen, welche einen noch detaillierteren Einblick in die Elementverteilung zweier Partikel erlauben als die Elementvereilungsbilder in Abbildung 3-2. Links ist eine Partikel mit der für MK 1 typischen Volumenstruktur sprühgetrockneten Fällungskieselgels abgebildet, rechts ist dem eine eher untypische Partikel mit der kantigeren Morphologie eines granulären Fällungskieselgels gegenübergestellt. Es handelt sich offenbar um eine Partikel, welche deutlich gröber vermahlen wurde und somit im Sprühtrocknungsprozess nur mit einer weiteren Hülle ummantelt wurde, aufgrund der abweichenden Größe aber nur mit wenigen weiteren, kleineren Partikeln granulären Fällungskieselgels verklebt wurde. Die Linescan-Analysen zeigen für beide Partikel eine homogene Verteilung von Aluminium als Indikator für den Cokatalysator MAO und Zirkonium als Maß für die Verteilung des katalytisch aktiven Zirkonocens.

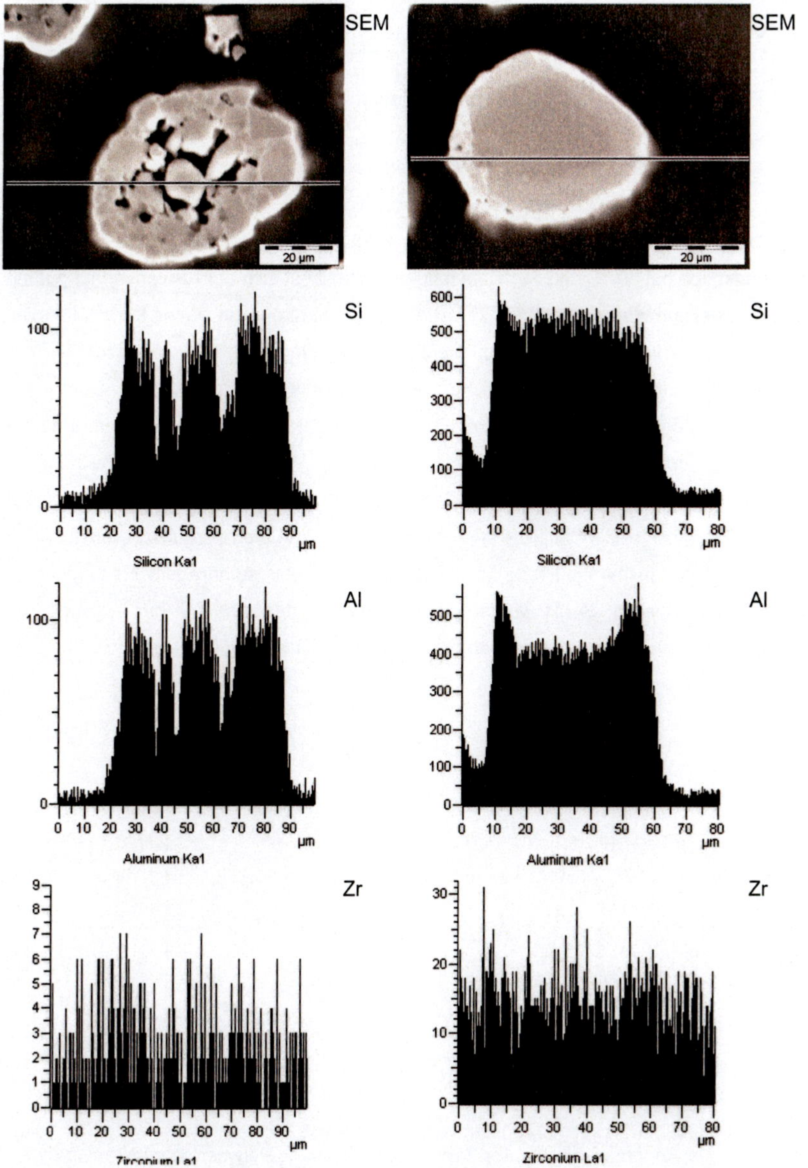

Abb. 3-3: SEM-Aufnahmen von Blockanschnitten zweier Partikel des in Epoxydharz eingebetteten Katalysatorsystems MK 1 sowie die zugehörigen EDX-Linescan-Analysen für Silizium, Aluminium und Zirkon.

3.2 Polymerisationsverhalten von MK 1

3.2.1 Polymerisationsverhalten von MK 1 in der Suspensionspolymerisation

Um das Polymerisationsverhalten des Katalysatorsystems MK 1 zu untersuchen, wurden zunächst Suspensionspolymerisationen von Propen unter milden Bedingungen in Toluol durchgeführt. Abbildung 3-4 zeigt Geschwindigkeits/Zeit-Kurven für Polymerisation bei 30 °C und 50 °C. In beiden Fällen lässt sich der Kurvenverlauf gut mit dem *polymer growth and particle expansion model* erklären. Ein erstes kurzes Intervall hohen Monomerverbrauchs ist durch die schnelle Bildung einer Polymerschicht auf der für Monomergas primär zugänglichen Partikeloberfläche zu erklären. Durch die diffusionslimitierende Wirkung dieser Barrierenschicht sinkt der Monomerverbrauch rasch wieder ab. Es folgt eine Phase mit sehr niedriger Polymerisationsgeschwindigkeit, da nur wenig Monomergas die aktiven Zentren an der Oberfläche der Katalysatorpartikel erreicht. Mit fortschreitender Polymerisationszeit bewirken die hydraulischen Kräfte des sich bildenden Polymers jedoch eine Aufspaltung des Katalysatorträgers. Es beginnt die Trägerfragmentierung. Somit werden, ausgehend von der zunächst nur zugänglichen Katalysatoroberfläche, mehr und mehr aktive Zentren für Monomer zugänglich.

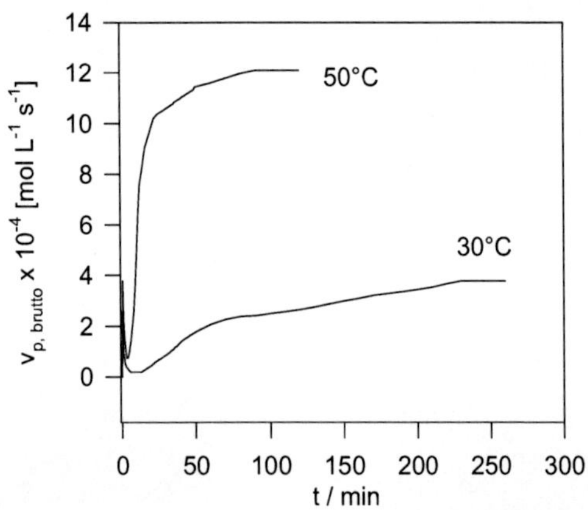

Abb. 3-4: Geschwindigkeits/Zeit-Auftragungen für die Propenpolymerisation in Toluol in Abhängigkeit von der Temperatur für MK 1. *Polymerisationsbedingungen:* $c_{Zr} = 7.7 \times 10^{-5}$ *mol/l; [Zr] : [Al(i-bu)*$_3$*] = 1 : 200;* $V_{(Toluol)} = 130$ *ml;* $p_{(Propen)} = 2$ *bar*

Die Polymerisationsgeschwindigkeit des Gesamtsystems steigt langsam wieder an. Diese Trägerfragmentierung setzt sich nun in Richtung der Partikelzentren fort bis alle katalytisch aktiven Zentren für Monomer zugänglich sind und eine maximale Polymerisationsaktivität erreicht ist. Dieser Zustand, in welchem der Katalysator in feinen Fragmenten eingebettet in einer expandierenden Matrix aus Polyolefin vorliegt, wird im Falle der Polymerisation bei 30 °C nach circa 240 Minuten erreicht. Bei einer Polymerisationstemperatur von 50 °C wird dieses Stadion bereits nach circa 90 Minuten durchlaufen. Auffällig ist weiterhin, dass bei 50 °C Polymerisationstemperatur eine wesentlich höhere Maximalgeschwindigkeit erreicht wird. Der Abbruch der Reaktion erfolgte jeweils beim Erreichen dieser Maximalaktivität.

3.2.2 Polymerisationsverhalten von MK 1 in der Massepolymerisation

Abbildung 3-5 zeigt Geschwindigkeits/Zeit-Kurven für die Massepolymerisation von Propen mit MK 1 bei wechselnden Reaktionstemperaturen. Der Reaktordruck stellt sich im der Massepolymerisation nach Maßgabe der Temperatur über den Dampfdruck unmittelbar ein. Er steigt entsprechend mit zunehmender Temperatur. Auch unter diesen drastischeren Bedingungen – mit einer im Vergleich zur Suspensionspolymerisation deutlich höheren Monomerkonzentration – vergehen bei einer Reaktionstemperatur von 50 °C wiederum circa 70 Minuten bis zum Erreichen einer maximalen Polymerisationsgeschwindigkeit. Bei höheren Polymerisationstemperaturen von 55 °C, 60 °C und 65 °C zeigt sich erneut ein beschleunigtes Erreichen einer ebenfalls mit der Temperatur steigenden Maximalgeschwindigkeit. Wie schon in der Suspensionspolymerisation wurden die Polymerisationen beim Erreichen dieses Geschwindigkeitsplateaus abgebrochen. Eine ausführliche Diskussion des Fragmentierungsverhaltens in der Massepolymerisation findet sich in Kapitel 3.5 anhand des dort untersuchten Katalysatorsystems MK 2. Dort wird auch auf die im Vergleich zur Suspensionspolymerisation verschiedenartige Bedeutung des ersten scharf abgegrenzten Aktivitätsmaximums eingegangen. Es wird gezeigt, dass dieses Signal ein Artefakt der kalorimetrischen Detektion ist und nur ein untergeordneter Signalanteil realer Polymerisationsaktivität entspricht.

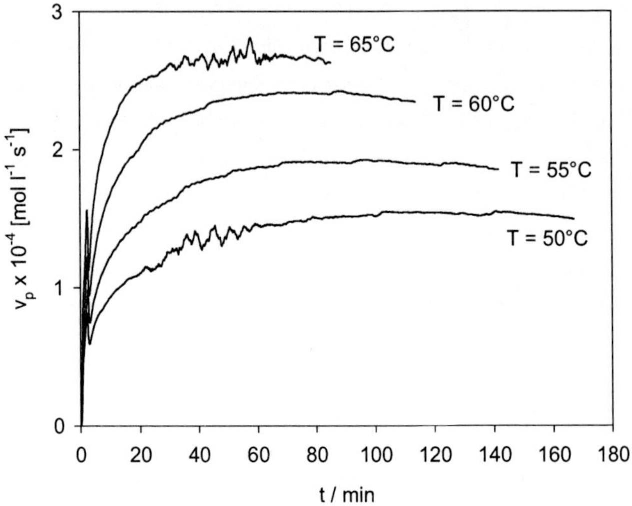

Abb. 3-5: Geschwindigkeits/Zeit-Auftragungen für die Propenpolymerisation mit MK 1 in Masse in Abhängigkeit von der Temperatur. *Polymerisationsbedingungen: 430 g Propen; 1 ml Al(i-bu)3; rpm = 250;* c_{Zr} *= 1.26x10*$^{-6}$ *mol / l*

3.3 Charakterisierung von MK 2

MK 2 ist ein für die Massepolymerisation von Propen im Spheripol-Prozess konzipierter und optimierter Industriekatalysator. Das Zirkonocen / MAO / Silica - Katalysatorsystem basiert auf einem an den Indenringen substituierten, Dimethylsilylbis(indenyl)zirkonocendichlorid und erzeugt isotaktisches Polypropen. Tabelle 3-3 zeigt den elementaranalytisch bestimmten Zirconium- und Aluminium-Gehalt sowie das [Zr] zu [Al]-Verhältnis für das Katalysatorsystem MK 2. Im Vergleich zu MK 1 zeigt sich ein höher Gehalt an Zirkonocen, verbunden mit einer niedrigeren Beladung mit Cokatalysator MAO.

EA-Daten	MK 2
Zr-Gehalt [Gew.%]	0.32
Al-Gehalt [Gew.%]	11.5
Verhältnis Zr : Al_{MAO}	1 : 120

Tab. 3-3: Elementaranalytische bestimmte Kenndaten des Katalysatorsystem MK 2.

Das Katalysatorsystem wurde wie MK 1 auf sprühgetrocknetem Fällungskieselgel geträgert und besitzt somit eine nahezu sphärische Partikelform. Abbildung 3-6 zeigt SEM Mikrographien des geträgerten Katalysatorsystems. Man erkennt die Partikelgestalt und die recht enge Größenverteilung mit einer mittleren Korngröße von etwa 70 µm.

Tabelle 3-4 zeigt BET-Daten für das Katalysatorsystem MK 2. Es findet sich eine für Fällungskieselgele typische hohe spezifische Oberfläche von knapp 250 m^2/g. Die im Vergleich zu MK 1 deutlich höhere spezifische Oberfläche dürfte aus der niedrigeren Beladung mit MAO resultieren. Die Porengrößenverteilung zeigt überwiegend Mesoporen, bevorzugt im Bereich von 2-20 nm Porendurchmesser.

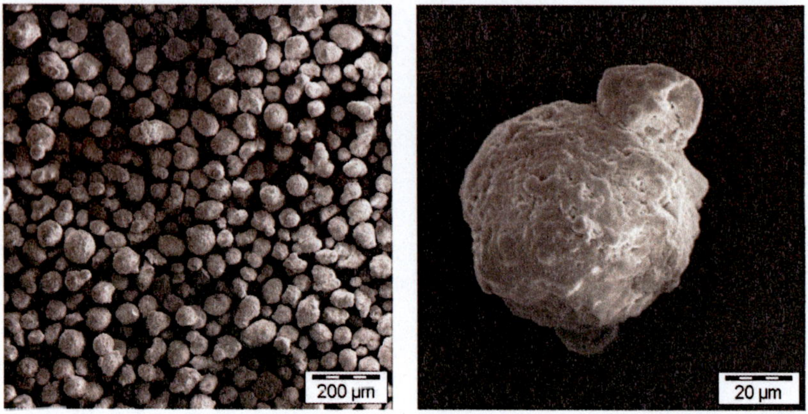

Abb. 3-6: SEM Mikrographien des Katalysatorsystems MK 2, aufgestreut auf ein Leit-Tap und mit 10 nm Gold besputtert.

.BET- Daten	MK 2
Spezifische Oberfläche	246 [m^2/g]
Porenanteil 0-4 nm	3.5 %
Porenanteil 4-10 nm	27.4 %
Porenanteil 10-20 nm	57.7 %
Porenanteil > 50 nm	1.9 %

Tab. 3-4: BET-Daten für das Katalysatorsystem MK 2

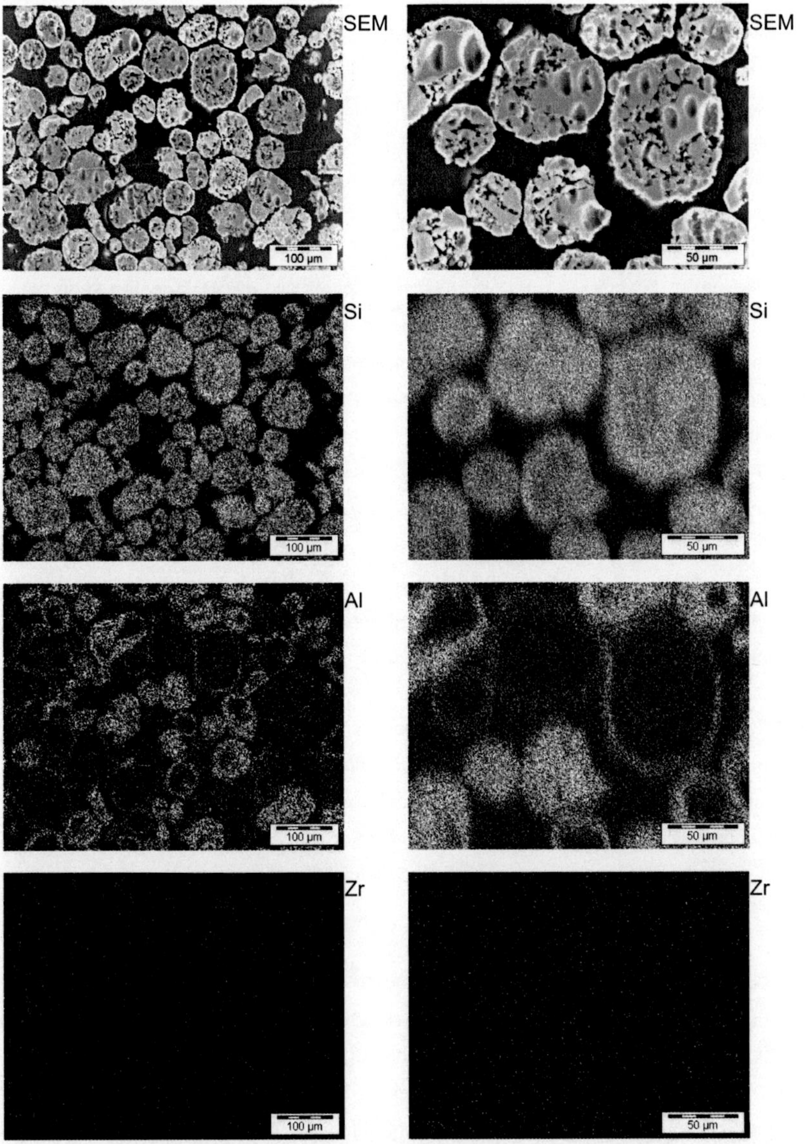

Abb. 3-7: SEM Mikrographien eines Blockanschnitts des in Epoxydharz eingebetteten Katalysatorsystems MK 2 sowie die zugehörigen Elementverteilungsbilder für Silizium, Aluminium und Zirkon.

In Abbildung 3-7 sind SEM Mikrographien und zugehörige Elementverteilungsbilder eines Blockanschnitts des Katalysatorsystems MK 2 dargestellt. In der 2D-Projektion des Blockanschnitts erkennt man in den SEM Mikrographien den Aufbau der Einzelpartikel aus kleineren Bruchstücken des Fällungskieselgels, welche im Sprühtrocknungsprozess miteinander verklebt wurden. Die Elementverteilungsbilder für Silizium zeigen einen gleichmäßig hohe Konzentration dieses Elementes über alle Partikel, was auf eine einheitliche Dichte und Zusammensetzung aller Trägerpartikel schließen lässt. Zusammen mit dem mikroskopischen Bild der Makroporen kann man somit auch von einer einheitlichen Porosität aller Einzelpartikel ausgehen. Die Aluminiumbeladung ist jedoch nur bei einem Bruchteil der Partikel über das gesamte Volumen homogen verteilt; in den Elementverteilungsbildern für Aluminium sind hier einheitlich helle Flächen im Bereich dieser Partikel sichtbar. Viele andere Partikel zeigen eine Anreicherung von Aluminium an der Oberfläche bei vergleichsweise geringer Aluminiumkonzentration im Inneren dieser Einzelkörner. In der 2D-Projektion des Blockanschnitts resultieren weiße Ringe in den Elementverteilungsbildern für Aluminium. Bei einigen Partikeln ist auch diese äußere aluminiumreiche Schale wenig ausgeprägt, folglich sind diese Partikel aufgrund ihres geringen Aluminiumgehaltes im spezifischen Elementverteilungsbild kaum vom Hintergrundrauschen zu unterscheiden.

Die Elementverteilungsbilder für Zirkonium zeigen keine Anreicherung dieses Elements in bestimmten Bereichen. Dies lässt zusammen mit dem elementaranalytisch bestimmten Zirkongehalt von 0.35 Gewichtsprozent den indirekten Schluss zu, dass das Zirkonocen weitgehend homogen verteilt vorliegt, da lokale Anreicherungen von über einem Gewichtsprozent Zirkon ab einer Größe im Mikrometerbereich gut detektierbar seien sollten.

Abbildung 3-8 bestätigt die mit Hilfe der Elementverteilungsbilder gemachten Aussagen anhand von EDX-Linescan-Analysen für Silizium, Aluminium und Zirkon: Die linke Bildspalte zeigt eine typische Partikel mit homogener Verteilung des Cokatalysators MAO auf dem Trägervolumen, die rechte Bildspalte zeigt exemplarisch die Elementverteilung für den Fall einer schalenartigen Anreicherung des Cokatalysators auf der Partikeloberfläche.

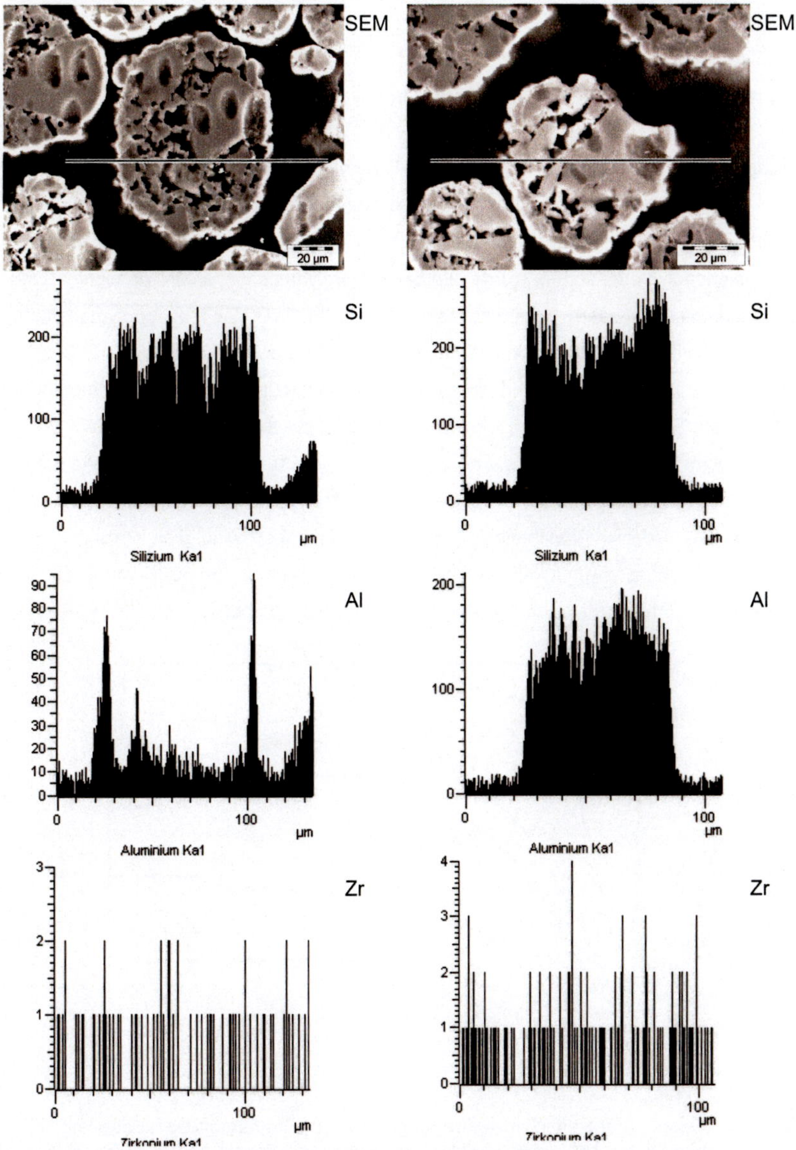

Abb. 3-8: SEM-Aufnahmen von Blockanschnitten typischer Partikel des in Epoxydharz eingebetteten Katalysatorsystems MK 2 sowie die zugehörigen EDX-Linescan-Analysen für Silizium, Aluminium und Zirkon.

3.4 Polymerisationsverhalten von MK 2

3.4.1 Polymerisationsverhalten von MK 2 in der Suspensionspolymerisation

Abbildung 3-9 zeigt Geschwindigkeits/Zeit-Diagramme der Propenpolymerisation in Toluol mit dem Katalysatorsystem MK 2 bei verschiedenen Reaktionstemperaturen. Abweichend von den anderen in dieser Arbeit vorgestellten Suspensionspolymerisationen wurde hierbei die Polymerisationsaktivität nicht mittels Massendurchflussmessern bestimmt, sondern, wie im Falle der Massepolymerisation, aus der kalorimertisch ermittelten Reaktionswärme berechnet. Wie von Korber[68, 80] gezeigt werden konnte, führen jedoch beide Methoden zu übereinstimmenden Ergebnissen. Erneut lassen sich die Kurvenverläufe gut durch das in Kapitel 1.6 und 3.2.1 vorgestellte *particle growth and polymer expansion model* erklären. Wie schon beim Katalysatorsystem MK 1 beobachtet, findet sich erneut eine erhebliche Abhängigkeit der maximalen Polymerisationsgeschwindigkeit und der Fragmentierungsgeschwindigkeit von der Reaktionstemperatur. Bei 50 °C wird z. B. eine um den Faktor 5 höhere Maximalgeschwindigkeit erreicht als bei 40 °C.

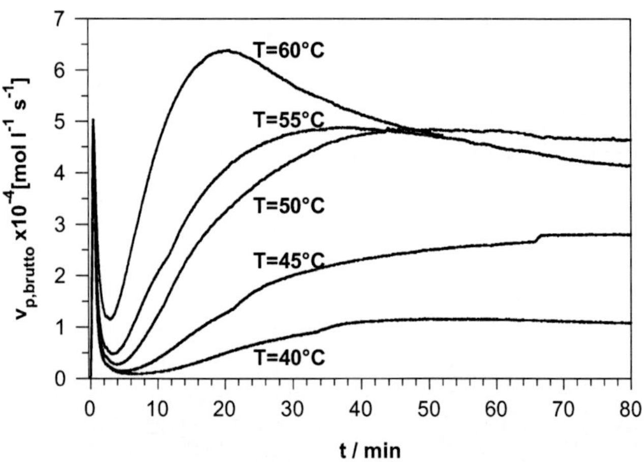

Abb. 3-9: Geschwindigkeits/Zeit-Auftragungen für die Propenpolymerisation mit MK 2 in Suspension in Abhängigkeit der Polymerisationstemperatur. (resultierend aus kaloriemetrischen Daten) *Polymerisationsbedingungen:* c_{Zr} = 5x10^{-5} mol / l; [Zr] : [Al(i-bu)$_3$] = 1 : 200; $p_{(Propen)}$ = 2 bar; $V_{Toluol)}$ = 400 ml

Die Maximalgeschwindigkeit wird bei 50 °C nach etwa 45 Minuten erreicht, die komplette Fragmentierung wird also im Vergleich zu MK 1 deutlich schneller erreicht. Auffällig ist weiterhin, dass ab einer Reaktionstemperatur von 55 °C die Polymerisationsgeschwindigkeit nach Erreichen ihres Maximalwertes wieder absinkt und nicht wie im Falle einer niedrigeren Reaktionstemperatur recht lange nahezu unverändert bleibt.

Abbildung 3-10 zeigt die Druckabhängigkeit der Geschwindigkeits/Zeit-Kurven in der Suspensionspolymerisation von Propen bei 50 °C. Erwartungsgemäß steigt die Reaktionsgeschwindigkeit wie auch die Fragmentierungsgeschwindigkeit – also die Zeitspanne bis zum Erreichen des Geschwindigkeitsmaximums – mit der über den Druck variierten Monomergaskonzentration in der gut durchmischten Reaktionsmasse an.

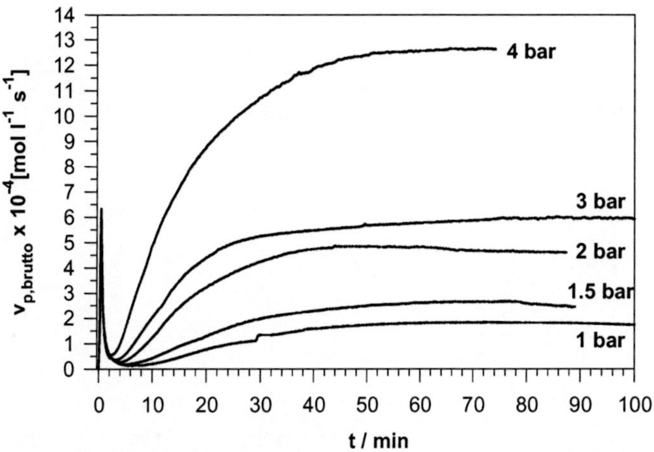

Abb. 3-10: Geschwindigkeits/Zeit-Auftragungen für die Propenpolymerisation mit MK 2 in Suspension in Abhängigkeit des Propendruckes bzw. der Propenkonzentration. (resultierend aus kalorimetrischen Daten) *Polymerisationsbedingungen:* $c_{Zr} = 5x10^{-5}$ *mol / l;* *[Zr] : [Al(i-bu)$_3$] = 1 : 200; T = 50 C;* $V_{(Toluol)}$ *= 400 ml*

3.4.2 Polymerisationsverhalten von MK 2 in der Massepolymerisation

Der Geschwindigkeits/Zeit-Verlauf der Propenpolymerisation in Masse ist in Abbildung 3-11 dargestellt. Aufgetragen ist jeweils die Polymerisationsgeschwindigkeit gegen die Polymerisationszeit in Abhängigkeit von der Polymerisationstemperatur. Der Reaktordruck stellt sich nach Maßgabe der Temperatur über den Dampfdruck unmittelbar ein. Er steigt entsprechend mit zunehmender Temperatur. Wie erwartet, wird eine signifikante Abhängigkeit des Polymerisationsverlaufes von der Temperatur beobachtet. Nach dem kurzen Vormaximum, dessen Ursache in Kapitel 3.5.2 diskutiert wird, nimmt die Polymerisationsaktivität kurz ab, und steigt dann wieder drastisch an. Nach dieser Periode kontinuierlicher Steigerung der Polymerisationsgeschwindigkeit wird schließlich das eigentliche Aktivitätsmaximum erreicht. Hieran anschließend bleibt die Aktivität nahezu konstant oder nimmt, bei höherer Reaktionstemperatur wieder ab.

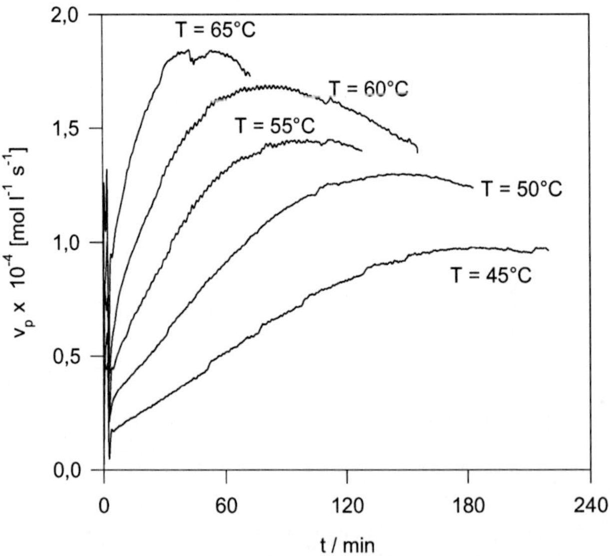

Abb. 3-11: Geschwindigkeits/Zeit-Auftragungen für die Propenpolymerisation mit MK 2 in Masse in Abhängigkeit von der Reaktionstemperatur. *Polymerisationsbedingungen: 1 l flüssiges Propen; 1 ml Al(i-Bu)*$_3$*;* *rpm = 250;* c_{Zr} *= 1.12x10*$^{-6}$ *mol/l*

Alle bei unterschiedlichen Temperaturen durchgeführten Polymerisationen zeigen das gleiche charakteristische Polymerisationsprofil. Die Temperaturabhängigkeit selbst kommt in zwei quantitativen Änderungen zum Ausdruck. Zum Einen nimmt der Maximalwert der Polymerisationsgeschwindigkeit mit steigender Temperatur kontinuierlich zu. Zum Anderen ist die Zeitspanne, die zum Erreichen dieser maximalen Geschwindigkeit erforderlich ist, ebenfalls eine Funktion der Temperatur. So genügt bei einer Polymerisationstemperatur von 65°C bereits eine Zeitspanne von etwa 40 Minuten, um den maximalen Wert der Polymerisationsgeschwindigkeit zu erreichen. Bei den vergleichsweise milden Bedingungen einer Polymerisationstemperatur von nur 45°C bedarf es hierzu bereits um die drei Stunden. Dies entspricht einem um das vier- bis fünffache erhöhtem Zeitaufwand. Die größere Beschleunigung ist auf die schnellere Fragmentation bei höheren Temperaturen zurückzuführen. In einem sich selbst aufschaukelndem Prozess ermöglichen die höheren Temperaturen eine zügigere Polymerbildung, so dass der Fragmentationsvorgang eher einsetzen kann. Dadurch werden wiederum schneller neue aktive Zentren freigesetzt, die die Polymerisationsgeschwindigkeit weiter erhöhen.

3.5 Fragmentierungsverhalten von MK 2 in der Massepolymerisation

Um zu klären, in wieweit die Erkenntnisse des *polymer growth and particle expansion model* über den Ablauf der Trägerfragmentierung aus der Suspensionspolymerisation unter milden Bedingungen auf Polymerisationen in flüssigen Propen - also auf Polymerisationsbedingungen mit einer deutlich höheren Monomerkonzentrationen - übertragbar sind, wurde die Massepolymerisation mittels Gravimetrie, Reaktionskalorimetrie und Licht- und Elektronenmikroskopie detailliert untersucht.[81] Verwendet wurde hierzu das bereits charakterisierte Katalysatorsystem MK 2. Insbesondere wurden die ersten Minuten des Polymerisationsvorganges untersucht, da hier die wichtige Phase der Partikelfragmentierung in dieser kurzen Zeit durchlaufen wird, welche einen entscheidenden Einfluss auf die Morphologie des sich bildenden Polymerpulvers hat.

3.5.1 Gravimetrie

Zunächst wurden fünf Polymerisationen unter identischen Bedingungen durchgeführt und nach definierten Zeitintervallen durch Zugabe von Methanol abgebrochen. Zur Aufarbeitung wurde das Polymer mit Methanol und Salzsäure in methanolischer Lösung gewaschen um durch die Hydrolyse der Aluminiumalkyle gebildetes Aluminiumhydroxid zu entfernen, welches sonst die Ausbeute an Polymer verfälschen würde. In Abbildung 3-12 ist die Polymerausbeute in Abhängigkeit von der Polymerisationszeit aufgetragen. Die Polymerausbeute steigt kontinuierlich mit der Polymerisationszeit an. Nach einer Minute ergibt sich eine Ausbeute von rund 100 mg Polypropen, nach zwei Minuten sind bereits gut 600 mg Polymer entstanden und nach drei Minuten knapp 1500 mg.

Bei der Interpretation der Ergebnisse muss eine Fehlerabschätzung sowohl bezüglich der Polymerausbeuten als auch bezüglich des Abbruchzeitpunktes berücksichtigt werden: Welche Zeitspanne zwischen dem Einspritzen des Methanols und der kompletten Desaktivierung aller Katalysatorpartikel liegt, ist nicht genau zu ermitteln. Für die Gravimetrie wurden wenige Milligramm Polymer aus einem 1.8 l Autoklaven isoliert, gefolgt von mehreren Waschschritten, was zu einer unvermeidlichen Minderung der

Ausbeute führt. Jedoch ließen sich die erzielten Ausbeuten bei gegebenem Versuchsaufbau bis zu etwa 15 % reproduzieren.

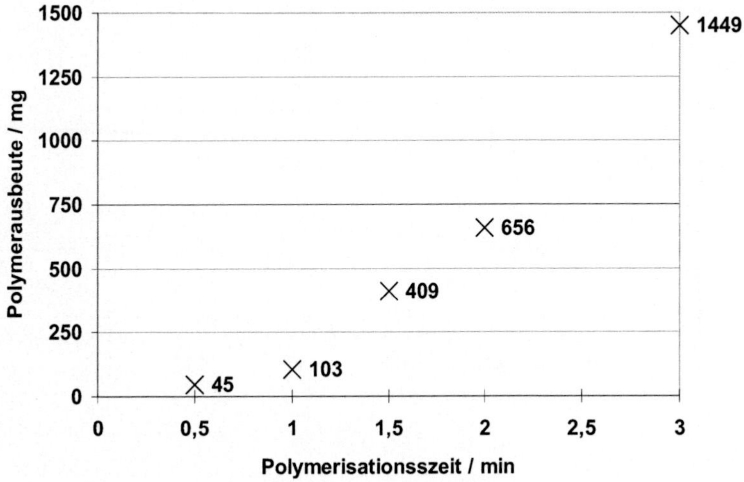

Abb. 3-12: Abhängigkeit der Polymerausbeute von der Polymerisationszeit. *Polymerisationsbedingungen: 350 g Propen; 1ml 100 % Al(i-bu)*$_3$*; rpm = 250;* T_P *= 60°C;* c_{Zr} *= 7.95 x* 10^{-6} *mol / l*

3.5.2 Reaktionskalorimetrische Untersuchung des Masseprozesses

Abbildung 3-13 zeigt ein typisches Polymerisationsprofil aus der reaktionskalorimetrischen Untersuchung der Massepolymerisation mit MK 2. Aufgetragen ist die freigesetzte Leistung Q über eine Polymerisationszeit von knapp 120 Minuten. Auffällig ist insbesondere ein Maximum innerhalb der ersten drei Minuten Polymerisationszeit. Vergleicht man den hier vorliegenden Kurvenverlauf mit den Erkenntnissen aus der gravimetrischen Untersuchung des Polymerisationsverlaufs, so ist eine deutliche Diskrepanz zu erkennen. Anhand der gravimetrischen Ergebnissen wäre ein kontinuierlicher Anstieg in diesem Kurvenbereich zu erwarten. Im weiteren wurde deshalb untersucht, ob das reaktionskalorimetrisch beobachtete Maximum möglicherweise ein aus sekundären Wärmeeffekten resultierendes Artefakt darstellt.

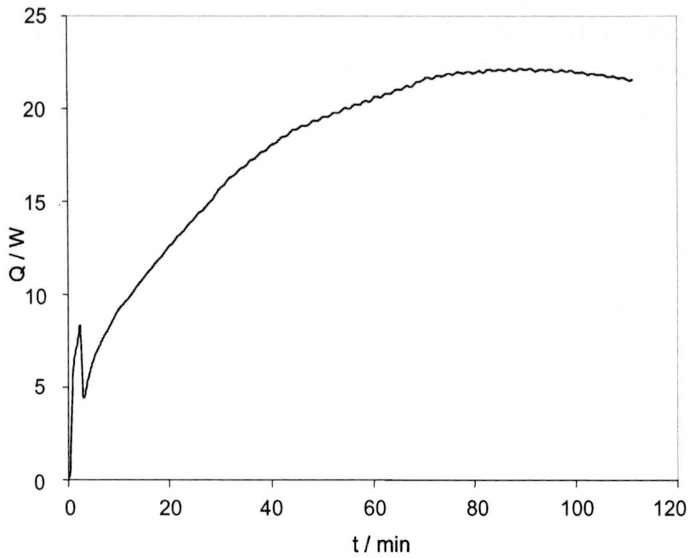

Abb. 3-13: Reaktionskalorimetrische Untersuchung der Massepoplymerisation mit MK 2. Abhängigkeit der freigesetzten Leistung von der Polymerisationszeit.

Es wurden unter polymerisationsanalogen Bedingungen weitere Injektionsversuche durchgeführt, um mögliche andere Wärmeeffekte zu quantifizieren. In einem ersten Versuch wurde die selbe Menge an Toluol, die ansonsten zur Injektion des Katalysators eingesetzt wird, in das System injiziert. In einem zweiten Versuch wurden Silica / MAO und Toluol in völliger Analogie zur normalen Polymerisation injiziert. An dritter Stelle wurde lediglich Argon (80 bar), mit dem die beiden Kammern des Einspritzsystems normalerweise vor dem Polymerisationsstart beaufschlagt werden, in den Polymerisationsreaktor injiziert. Es herrschten jeweils völlig analoge Reaktionsbedingungen. In Abbildung 3-14 sind die ersten vier Minuten der Polymerisation aus Abbildung 3-13 vergrößert dargestellt und mit den Wärmephänomenen aus den Injektionsversuchen verglichen.

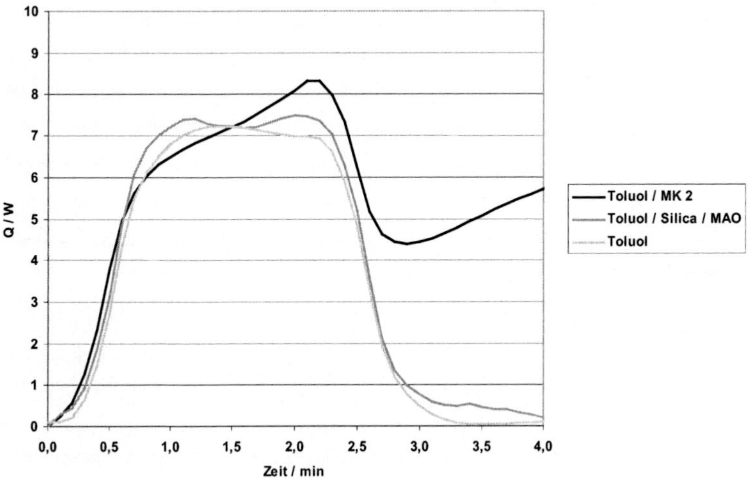

Abb. 3-14: Betrachtung des Injektionspeaks bei einer normalen Polymerisation mit MK 2 im Vergleich mit den resultierenden Peaks bei analoger Injektion von Toluol / Silica / MAO bzw. Toluol.

Wie man der Darstellung in Abbildung 3-14 entnehmen kann, sind die Kurvenverläufe der jeweiligen Injektionsexperimente innerhalb der ersten 1.5 Minuten sowohl in quantitativer als auch in qualitativer Hinsicht sehr ähnlich. Anschließend nehmen die Kurven einen unterschiedlichen Verlauf. So sinkt im Falle der Injektion von bloßem Toluol sowie von Toluol zuzüglich Silica / MAO die Wärmeentwicklung bereits nach drei Minuten wieder auf den Wert der Basislinie ab. Im Falle der gewöhnlichen Polymerisation hingegen sackt die Wärme lediglich kurz auf vier bis fünf Watt ab, und steigt danach wieder kontinuierlich. Die Injektion von Argon führt hingegen lediglich zu einem endothermen Signal und ist aus diesem Grunde nicht in der Abbildung aufgeführt. Der Vergleich der jeweiligen Kurven bestätigt die Vermutung, dass das erste Maximum in den reaktionskalorimetrisch eruierten Polymerisationsprofilen des Masseprozesses nur zu einem untergeordneten Anteil auf eine Polymerisationsaktivität zurückgeführt werden kann. Man kann davon ausgehen, dass dieses erste Maximum weitere Ursachen hat. Ein Grund ist sicherlich die Sättigung des injizierten Toluols mit Propen unmittelbar nach der Injektion des Katalysators. Hierbei kommt es zur Freisetzung von

Lösungs- und Mischungswärme. Zusätzlich ist als weiterer Einfluss-Faktor zu berücksichtigen, dass zwischen der zu injizierenden Katalysatorsuspension und der Reaktionsmasse eine kleine Temperaturdifferenz besteht. Diese ergibt sich daraus, dass das Einspritzsystem an den separaten Thermostatkreislauf des Reaktordeckels gekoppelt ist. Dieser ist um 2 °C höher temperiert als der Reaktorinhalt, um auf diese Weise Kondensationserscheinungen des Propens am Reaktordeckel zu verhindern. Auch dies wird einen leicht exothermen Effekt unmittelbar nach der Injektion hervorrufen. Andererseits kann auch festgestellt werden, dass mögliche Adsorptionserscheinungen von Propen am Silica-Trägermaterial in diesem Zusammenhang vernachlässigt werden können, wie der Vergleich der Kurven bezüglich Toluol bzw. Toluol / Silica / MAO zeigt. Dies war in diesem Zusammenhang auch so zu erwarten, da die verwendete Menge der Feststoffpartikel nur wenige Milligramm beträgt.

Aus der Summe der gravimetrischen und reaktionskalorimetrischen Untersuchungen ergibt sich daher eindeutig, dass das erste Maximum in den Polymerisationsprofilen des Masseprozesses lediglich eine Polymerisationsaktivität suggeriert. So kann das Maximum also in erster Linie als eine Art Injektionsartefakt verstanden werden. Es ist wichtig, sich diese Tatsache bei der Betrachtung der Polymerisationsprofile des Masseprozess zu vergegenwärtigen. Man kann also davon ausgehen, dass bei der Polymerisation in flüssigem Monomer kein der Suspensionspolymerisation vergleichbares, zumindest aber nicht so ausgeprägtes Vorpolymerisationsphänomen vorliegt. Dies ist auch konsistent mit den Erwartungen, die infolge der wesentlich drastischeren Reaktionsbedingungen (maximale Monomerkonzentration, hoher Arbeitsdruck) ein viel rascheres Durchlaufen der einzelnen Polymerisationsstadien erwarten lassen.

3.5.3 Lichtmikroskopische Beurteilung des Katalysators und der Polymerpartikel

Die Lichtmikroskopie erlaubt, schnell und einfach die Korngrößenverteilung und Partikelform einer repräsentativen Menge von Katalysator- oder Polymerpartikeln zu überprüfen. Vergleicht man das Katalysatorsystem vor der Polymerisation mit dem Polymeren aus den fünf zu unterschiedlichen Zeiten abgebrochenen Polymerisationsansätzen, (Abbildung 3-15) ist die kontinuierliche Partikelexpansion deutlich sichtbar. Abbildung 3-15 a) zeigt eine Lichtmikrographie des deaktivierten Katalysatorsystem MK 2, in Abbildung 3-15 b) - f) sind die Wachstumsstufen in Abhängigkeit von der Polymerisationszeit wiedergegeben. Dargestellt sind die weißen Partikel auf schwarzem Hintergrund. Abbildung 3-15 a) zeigt die sphärische Form des Katalysatorsystems der einen mittleren Korndurchmesser von etwa 70 µm besitzt. In Abbildung 3-15 b) - f) kann man das graduelle Anwachsen der Partikel mit fortschreitender Polymerisationsdauer gut verfolgen. Die nahezu sphärische Form des Katalysatorsystems wird durch die Polymerpartikel repliziert. In Abbildung 3-15 b) ist eine Aggregation einzelner Partikel deutlich sichtbar. Dieses Phänomen findet sich auch bei den länger polymerisierten Proben, jedoch mit schnell abnehmender Tendenz. Eine mögliche Erklärung für dieses Phänomen ist, dass das anfangs gebildete Polymer leicht klebrig ist.

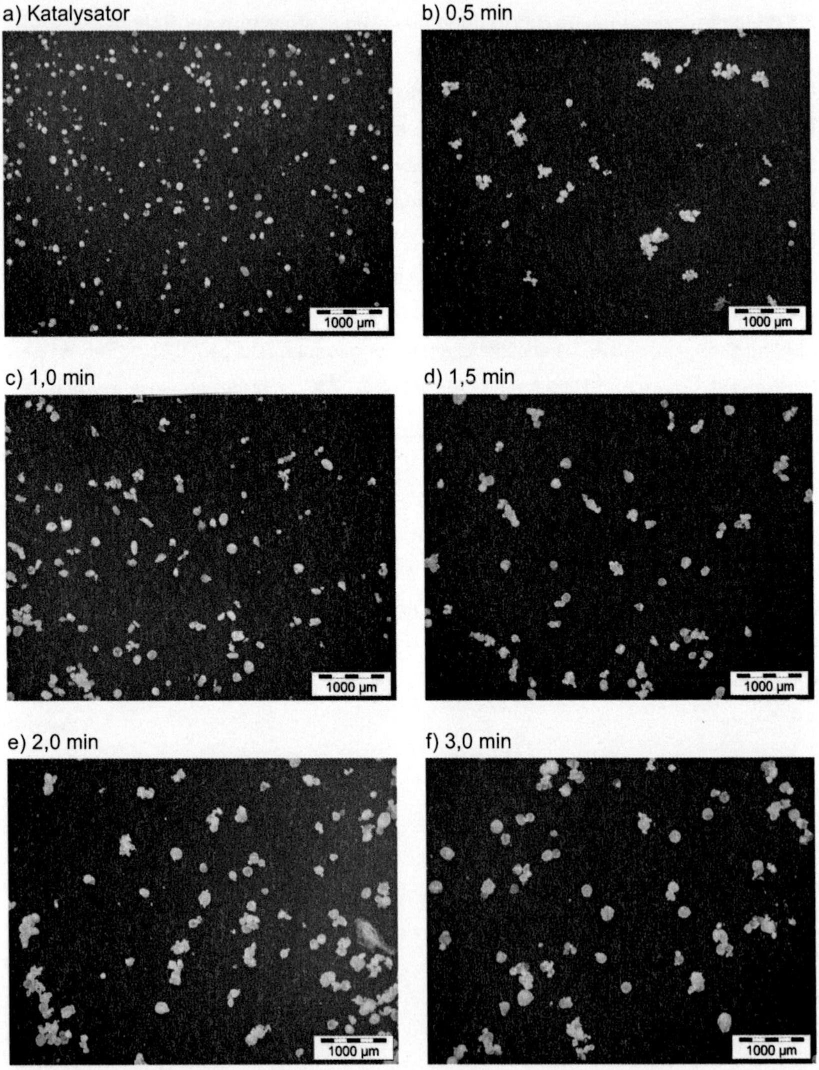

Abb. 3-15: Lichtmikroskopische Aufnahmen des Katalysators und der Polymerpartikel nach verschiedenen Polymerisationszeiten.

3.5.4 Rasterelektronenmikroskopische Untersuchung der Trägerfragmentierung

Abbildung 3-16 zeigt den typischen Verlauf der Trägerfragmentierung in flüssigem Propen. Da die Monomerkonzentration erheblich höher ist als in einer Suspensionspolymerisation, ist eine deutlich schnellere Trägerfragmentierung zu erwarten. Abbildung 3-16 a) zeigt eine SEM-Mikrographie des Blockanschnitts des in Epoxidharz eingebetteten Katalysatorsystems. Man erkennt die helleren Katalysatorpartikel in der dunklen Matrix aus Einbettungsharz. In Abbildung 3-16 b) sind charakteristische Partikel der eine halbe Minute in flüssigem Propen polymerisierten Probe dargestellt. Der größte Teil der Kavitäten ist mit Polypropen gefüllt und an der äußeren Partikeloberfläche ist ebenfalls Polypropen sichtbar. Obwohl nur ein geringer Unterschied in der Elementzusammensetzung und der Dichte besteht, ist es möglich, einen wahrnehmbaren Materialkontrast zwischen Polypropen und dem Einbettungsharz in der rasterelektronenmikroskopischen Darstellung zu erzielen. Unter Berücksichtigung dieser Tatsache und den dafür speziell eingestellten Abbildungsbedingungen kann, wie später beschrieben wird, die Polypropenphase der dunkleren der beiden Polymerphasen zugeordnet werden. Die hellere Polymerphase entspricht somit dem Einbettungsharz. Nach einer Minute Polymerisation in flüssigem Propen beginnt der Silicaträger zu fragmentieren (Abbildung 3-16 c)). Die noch relativ großen und unter den verwendeten Abbildungsbedingungen gut sichtbaren Fragmente werden durch eine Matrix aus dem entstehenden Polypropen zusammengehalten. Die Abbildungen 3-16 d) und e) zeigen für 1,5 bzw. 2 Minuten polymerisierte Partikel. Die Mikrographien geben Hinweise darauf, dass auch in der Massepolymerisation ein schalenweiser Fortgang der Trägerfragmentierung vorliegt, da die größeren Trägerfragmente nahe dem Partikelzentrum lokalisiert werden konnten. In Abbildung 3-16 f) sind in der SEM-Mikrographie unter den für alle Bilder der Serie gleich gewählten Bedingungen keine Trägerfragmente mehr sichtbar. Die Fragmentierung befindet sich in einem fortgeschrittenen Stadium und eine konstante Polymerisationsaktivität, einhergehend mit einer gleichmäßigen Partikelexpansion ist erreicht.

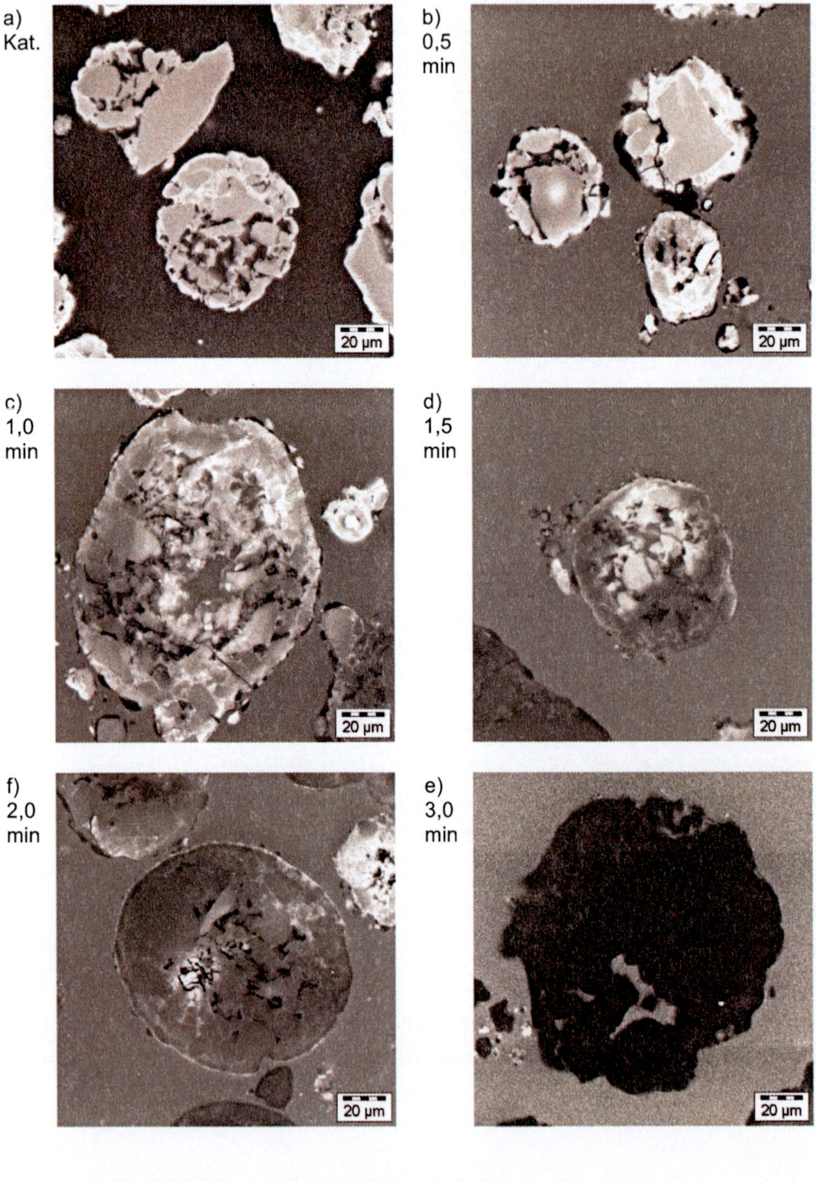

Abb. 3-16: Rasterelektronenmikroskopische Aufnahmen des Katalysators und der Polymerpartikel nach verschiedenen Polymerisationszeiten.

Alleine anhand der Rasterelektronenmikroskopische Untersuchungen ist es häufig schwierig, zwischen Epoxidharz als Einbettungsmittel, Polypropen und kleinen Hohlräumen, die durch eine Schrumpfung des Epoxidharzes während des Aushärtens auftreten können, zu unterscheiden. Allgemein werden sie als dunklere Graustufen sichtbar als das Siliziumdioxid Trägermaterial. Die hier getroffene Zuordnung wurde, wie in Abbildung 3-17 exemplarisch dargestellt, durch EDX-Messungen bestätigt. Abbildung 3-17 a) zeigt die Rasterelektronenmikrographie aus Rückstreuelektronendetektion (BSE) des unbeschichteten Blockanschnitts. Abbildung 3-17 b) - e) zeigen die zugehörigen EDX- Elementvereilungsbilder für Silizium, Aluminium, Sauerstoff und Kohlenstoff. Hellere Regionen entsprechen einer höheren Konzentration des betreffenden Elements als dunklere. Unter Berücksichtigung der Elementarzusammensetzung aller Materialien, insbesondere hingewiesen sei hier auf den Sauerstoffgehalt des Epoxidharzes, kann so eine eindeutige Zuordnung aller Phasen in der Rasterelektronenmikrographie (Abbildung 3-17 a)) mithilfe der EDX-Elementverteilungsbilder (Abbildung 3-17 b) -e)) getroffen werden.

c) Si - Elementvereilungsbild

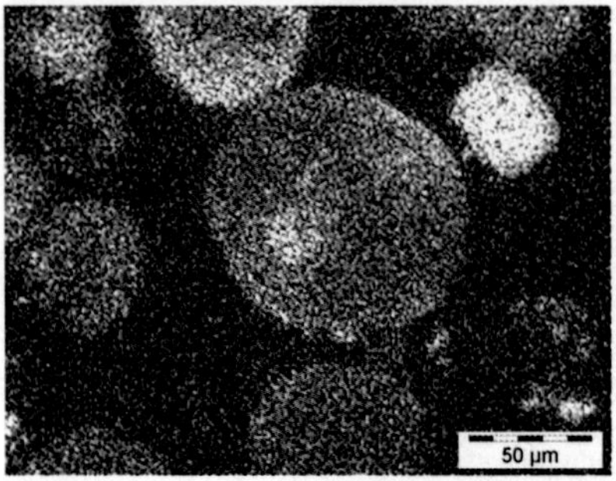

c) Al - Elementvereilungsbild

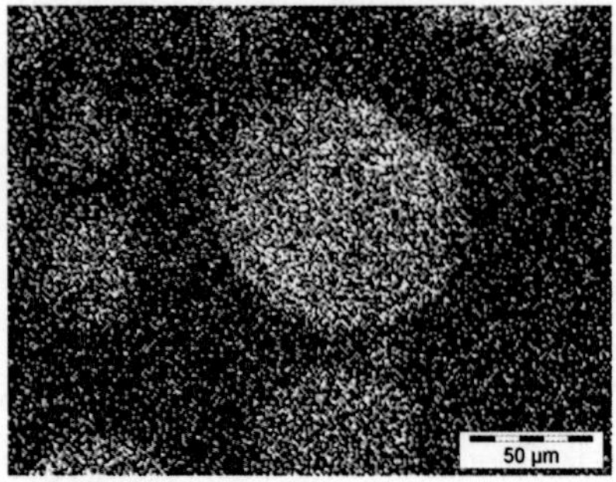

a) SEM- Mikrographie, 1,5 min

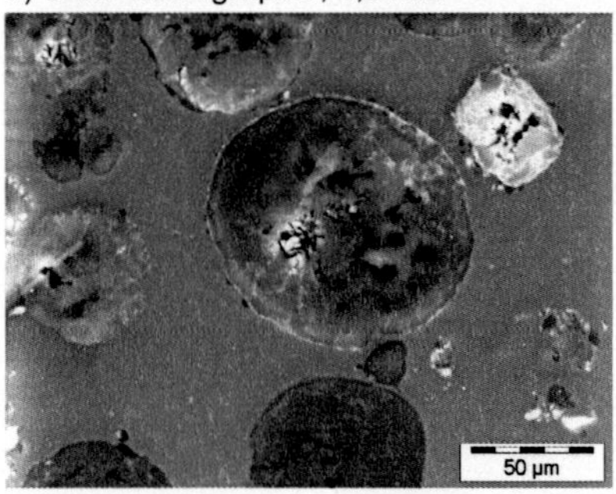

d) O - Elementvereilungsbild

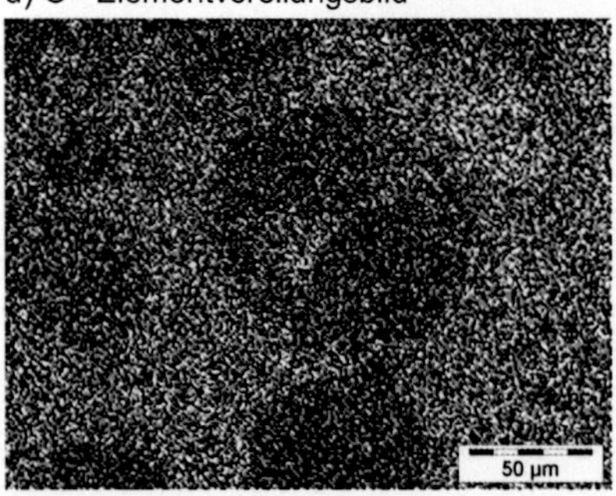

e) C - Elementvereilungsbild

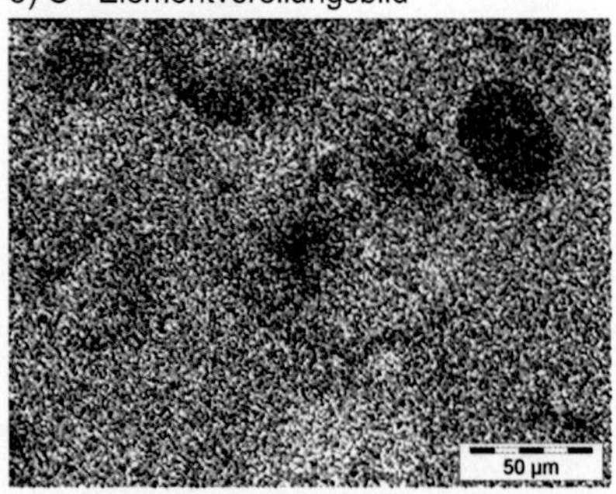

Abb. 3-17: SEM - Aufnahme eines Blockanschnitts des für 1.5 Minuten polymerisierten und in Epoxydharz eingebetteten Katalysatorsystems MK 2 sowie die zugehörigen EDX - Elementvereilungsbilder für Silizium, Aluminium, Sauerstoff und Kohlenstoff.

Abbildung 3-18 a) zeigt die TEM Mikrographie eines Dünnschnitts einer 90 Minuten in Masse polymerisierten Katalysatorpartikel. Auch in diesem fortgeschrittenen Polymerisationsstadium sind, eine adäquate Probenpräparation vorausgesetzt, noch Silica-Fragmente mit einer Korngröße von etwa 10-20 nm mittels TEM nachweisbar. Mit Hilfe der SEM Mikrographie, Abbildung 3-18 b), kann bei Betrachten des korrespondierenden Blockanschnitts nur eine schwarze Polymerphase abgebildet werden. Silica-Fragmente können aufgrund des schwachen Materialkontrastes zwischen Silica und Polymer nicht aufgelöst werden.

a) b)

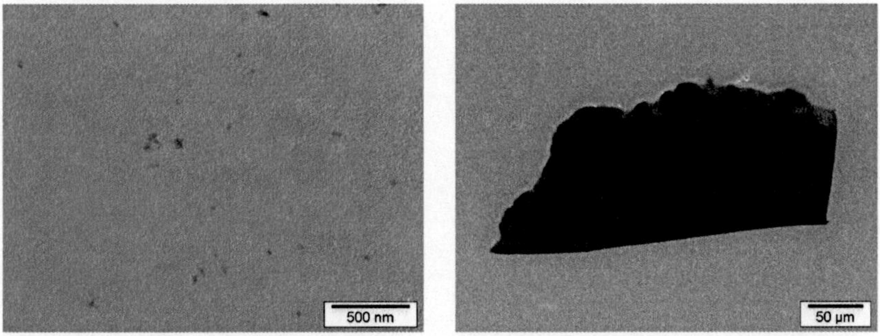

Abb. 3-18: TEM - Aufnahme eines Ultradünnschnitts (a) verglichen mit einer SEM - Aufnahme (b) des korrespondierenden Blockanschnitts des in Epoxydharz eingebetteten Katalysatorsystems MK 2 nach 90 Minuten Massepolymerisation.

Betrachtet man nur die Partikel in Abbildung 3-16, so liegt es nahe, dass das Schalenmodell nicht nur auf die Suspensionspolymerisation unter milden Bedingungen beschränkt ist, sondern die Fragmentierung auch in der Massepolymerisation von außen ins Partikelinnere fortschreitet. Betrachtet man jedoch die Übersichtsaufnahmen mit zahlreichen Partikeln von jeder Probe in Abbildung 3-19 a) - f), so wird die Interpretation komplexer. Die in Abbildung 3-16 a) - f) höher vergrößerten Ausschnitte sind jeweils mit einem Rechteck markiert. Um die Richtigkeit und Signifikanz der Ergebnisse aus den gezeigten Mikrographien abzusichern, wurden für jede Probe mehrere Blockanschnitte angefertigt und untersucht. Alle Ergebnisse konnten den hier exemplarisch gezeigten Mikrographien zugeordnet werden.

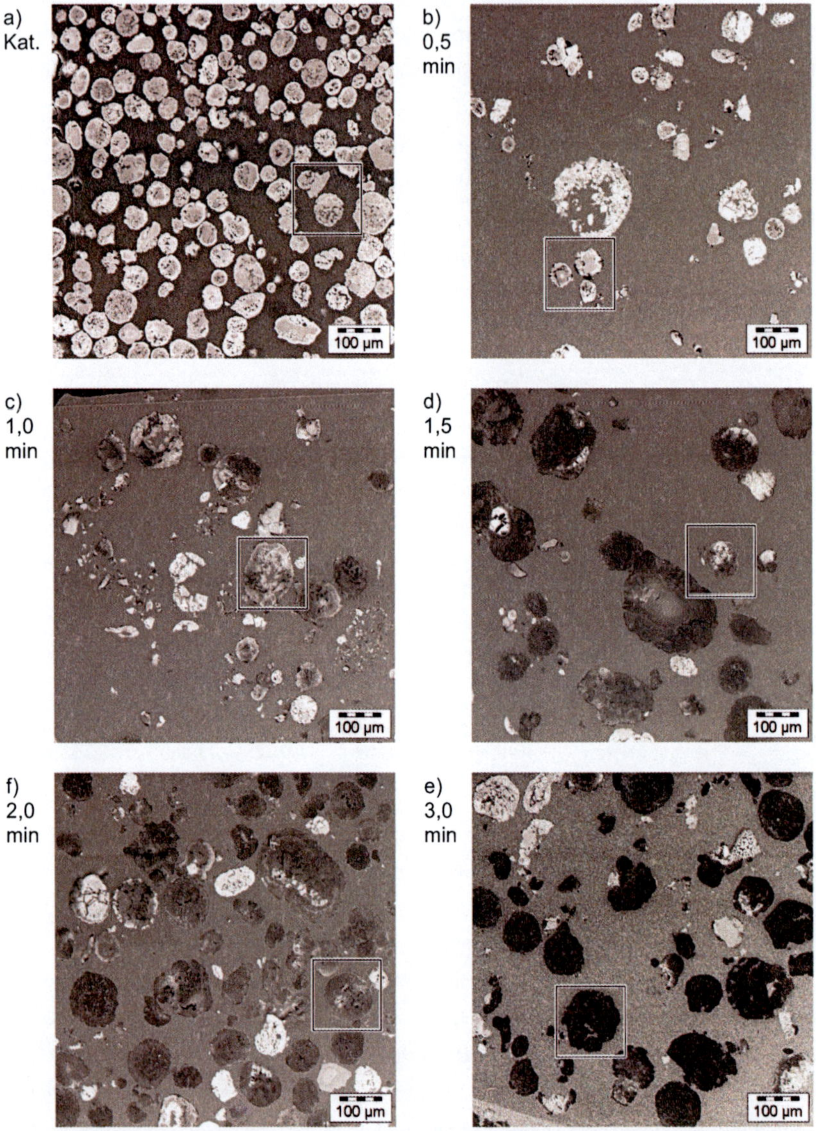

Abb. 3-19: Rasterelektronenmikroskopische Aufnahmen des Katalysators und der Polymerpartikel nach verschiedenen Polymerisationszeiten. Die Quadrate kennzeichnen Ausschnitte die in Abbildung 3-16 vergrößert dargestellt sind.

Man erkennt in Abbildung 3-19 anhand des Auftauchens und des stetigen Anwachsens der dunklen Bereiche in den Mikrographien das mit fortschreitender Polymerisationsdauer mehr und mehr Polypropen gebildet wird. Dieses stimmt gut mit den Ergebnissen aus Gravimetrie und lichtmikroskopischer Untersuchung überein (Abbildung 3-12 und Abbildung 3-15). Es ist jedoch bemerkenswert, dass die einzelnen Partikel in ein und der selben Probe sehr unterschiedlich schnell Fragmentieren. Einige befinden sich bereits nach einer Minute in einem fortgeschrittenen Stadium des Trägerabbaus, während andere nach 3 Minuten Polymerisation in Masse noch weitgehend unfragmentiert vorliegen. Aus diesem Grund kann die vorgenommene Auswahl einzelner Partikel für die Abbildung 3-19 strenggenommen nicht repräsentativ sein.

Um zu erklären, warum einige Partikel eher bzw. schneller „anspringen" als andere, soll kurz an die inhomogene Verteilung des Cokatalysators MAO auf dem Katalysatorträger erinnert werden, welche bereits in Kapitel 3.4.1 herausgearbeitet wurde.

a) homogene MAO-Verteilung b) schalenartige MAO-Verteilung

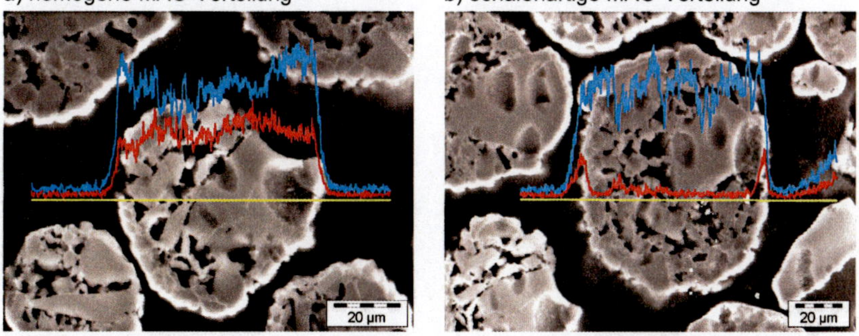

Abb. 3-20: Rasterelektronenmikroskopische Aufnahmen des Katalysators mit EDX-Linescans für Silizium und Aluminium. Abb. 3-20 a) zeigt exemplarisch eine Partikel mit homogener Cokatalysatorverteilung, Abb. 3-20 b) eine schalenartige Anreicherung des Cokatalysators.

In Abbildung 3-20 a) und b) sind zwei SEM Mikrographien von charakteristischen Einzelpartikeln sowie EDX-Linescans für Silizium und Aluminium durch diese Partikel wiedergegeben. Die in Abbildung 3-20 a) dargestellte Partikel hat eine gleichmäßige

Aluminiumkonzentration über die gesamte siliziumreiche Trägerpartikel. Im Gegensatz dazu, hat die in Abbildung 3-20 b) dargestellte Partikel in der äußeren Schale eine viel höhere Aluminiumkonzentration als im Partikelinneren. Diese ungleichmäßige Verteilung des Cokatalysators MAO hat, wie im folgenden dargestellt, Konsequenzen auf das Polymerisationsverhalten.

3.5.5 Erklärung des individuellen Anspringverhaltens der Katalysatorpartikel

In der Bildserie in Abbildung 3-19 sieht man, wie schon angeführt, dass einige Partikel früher oder schneller anfangen zu Polymerisieren als andere. Um dieses Verhalten zu verstehen, wurden die Elementarzusammensetzung mehrerer Partikel aus einem Polymerisationsansatz mittels EDX-Punktmessungen und EDX-Bereichsmessungen analysiert. Es zeigte sich allgemein, dass die Aluminiumkonzentration von Partikeln, die in einem fortegeschrittenen Fragmentierungszustand waren, viel höher war als die von Partikeln, welche bisher weitgehend inaktiv gebliebene waren. Um sicher zu gehen, dass diese Unterschiede nicht Artefakte aus dem Waschen des Produktes mit Salzsäure in Methanol waren, wurden die Ergebnisse folgendermaßen überprüft: Der nach 1.5 Minuten abgebrochenen Polymerisationsansatz wurde wiederholt, jedoch ohne den Waschschritt mit Salzsäure in Methanol nach der Polymersynthese, welcher sonst dazu dient, die Aluminiumrückstände des $Al(i\text{-}Bu)_3$-Scavengers zu entfernen. Alle Waschschritte wurden nur mit reinem Methanol ausgeführt.

Abbildung 3-21 zeigt zwei exemplarische Si/Al-Verhältnise aus einer Reihe von Messungen mit entsprechenden Ergebnissen. In Abbildung 3-21 a) sind EDX Punktmessungen an zwei verschiedenen Katalysatorpartikeln des unpolymerisierten Katalysatorsystems markiert und die entsprechenden Si/Al-Verhältnisse und EDX-Spektren angegeben. Das Si/Al-Verhältnis innerhalb der Katalysatorpartikel mit gleichmäßiger Aluminiumverteilung ist 1,9. Im Gegensatz dazu steht das Si/Al-Verhältnis von 58,5 für einen Messpunkt innerhalb einer Katalysatorpartikel mit einer schalenförmigen Aluminiumverteilung. Dieses unterstreicht quantitativ die in Abbildung 3-20 a) und b) gezeigte ungleichmäßige Cokatalysatorverteilung. Abbildung 3-21 b) zeigt den Blockanschnitt einer in Epoxidharz eingebetteten Polymerprobe des wiederholten und nur mit Methanol gewaschen, nach 1.5 Minuten abgebrochenen Polymerisationsansatzes.

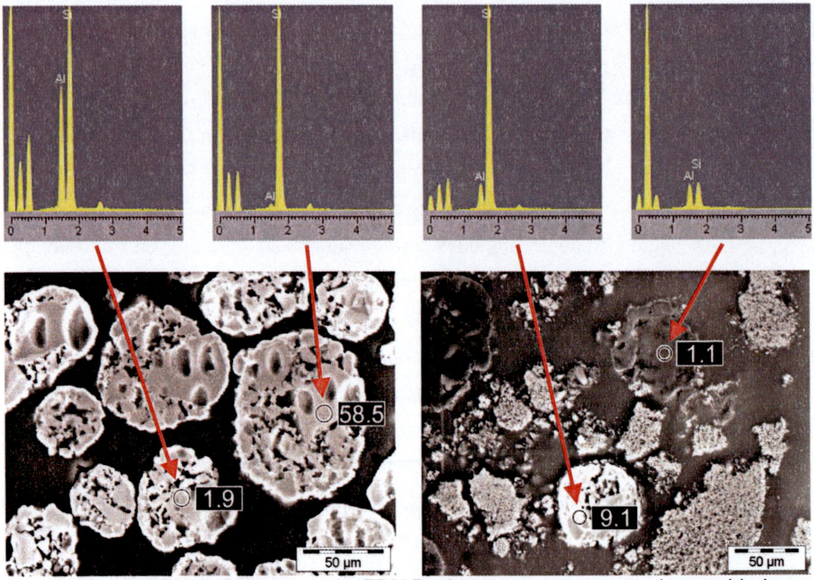

Abb. 3-21: a) SEM-Aufnahmen mit EDX-Punktmessungen an zwei verschiedenen Katalysatorpartikeln des unpolymerisierten Katalysatorsystems, b) an zwei verschiedenen Katalysatorpartikeln des für 1,5 Minuten polymerisierten Katalysatorsystems. Die entsprechenden Si/Al-Verhältnisse und EDX-Spektren angegeben.

Die grauen Bereiche mit einer rauh erscheinenden Oberfläche können Hydrolyseprodukten des $Al(i\text{-}Bu)_3$-Scavengers zugeordnet werden. Wieder sind exemplarisch EDX Punktmessungen für zwei verschiedenen Partikel gezeigt. Die Punktmessung innerhalb der schon weitgehend fragmentierten Partikel ergibt ein Si/Al Verhältnis von 1.1. Die Punktmessung innerhalb einer weitgehend inaktiven Partikel ergibt ein Si/Al Verhältnis von 9.1. Weitere Messungen an anderen Partikeln zeigten übereinstimmende Ergebnisse. Es ist daher sehr wahrscheinlich, dass das verzögerten Anspringverhalten gewisser Partikel mit einem geringen Cokatalysatorgehalt aufgrund einer ungleichmäßigen Cokatalysatorverteilung auf der Katalysatorträger zu erklären ist. Partikel mit einer gleichmäßig hohen Cokatalysatorverteilung zeigen hingegen ein schnelleres Anspringen in der Massepolymerisation von Propen und auch ein deutlich beschleunigtes Polymerisationsverhalten.

3.6 Charakterisierung von MK 3, MK 4 und MK 5

Wie schon im Fall von MK 1 und MK 2 handelt es sich auch bei den Katalysatorsystemen MK 3, MK 4 und MK 5 um auf sprühgetrocknetem Fällungskieselgel trägerfixierte Zirkonocen / MAO / Silica - Katalysatorsysteme. Dabei ist MK 4 ein für die Gasphasenpolymerisation von Propen im Novolen-Prozess konzipierter und optimierter Industriekatalysator. Bei MK 3 und MK 5 sind Modellsysteme, die nach der gleichen Rezeptur wie MK 4 aber in deutlich kleineren Ansatzmengen im Labor hergestellt wurden. Dabei wurde die Beladung mit Zirkonocen so variiert, dass MK 3 etwa 0.2, MK 4 etwa 0.3 und MK 5 etwa 0.4 Gewichtsprozenten Zirkon enthält. Bei allen Katalysatorsystemen wurde das selbe Trägermaterial und ein identisches, an den Indenringen substituiertes Dimethylsilylbis(indenyl)zirkonocendichlorid als Aktivkomponente verwendet. Wie aus Tabelle 3-5 ersichtlich ist, variiert die Beladung mit dem Cokatalysator MAO nur geringfügig. Durch die unterschiedliche Beladung mit Zirkonocen resultieren damit jedoch verschiedene Verhältnisse von Katalysator zu Cokatalysator zwischen Zr : Al_{MAO} = 1 : 250 bei MK 3 und Zr : Al_{MAO} = 1 : 130 bei MK 5.

EA-Daten	MK 3	MK 4	MK 5
Zr-Gehalt [Gew.%]	0.23	0.3	0.4
Al-Gehalt [Gew.%]	16.8	16.0	15.5
Verhältnis Zr : Al_{MAO}	1 : 250	1 : 180	1 : 130

Tab. 3-5: Elementaranalytische bestimmte Kenndaten der Katalysatorsysteme MK 3, MK 4 und MK 5.

Abbildung 3-22 zeigt in der linken Spalte SEM Übersichtsaufnahmen der Katalysatorsysteme, in der rechten Spalte sind jeweils einige Partikel in höherer Vergrößerung abgebildet. Die äußere Partikelform ist bestimmt durch die sphärische Gestalt des sprühgetrockneten Fällungskieselgels. Die recht glatten Oberflächen der einzelnen Partikel resultieren aus der Beladung der Fällungskieselgels mit MAO. Die Partikelgrößenverteilung aller Katalysatoren ist vergleichsweise uneinheitlich, insbesondere ist ein deutlicher Anteil von Partikel mit nur wenigen Mikrometern Durchmesser sichtbar. Im Vergleich zu den Katalysatorsystemen MK 1 und MK 2 ist die mittlere Partikelgröße mit etwa 35 µm deutlich kleiner.

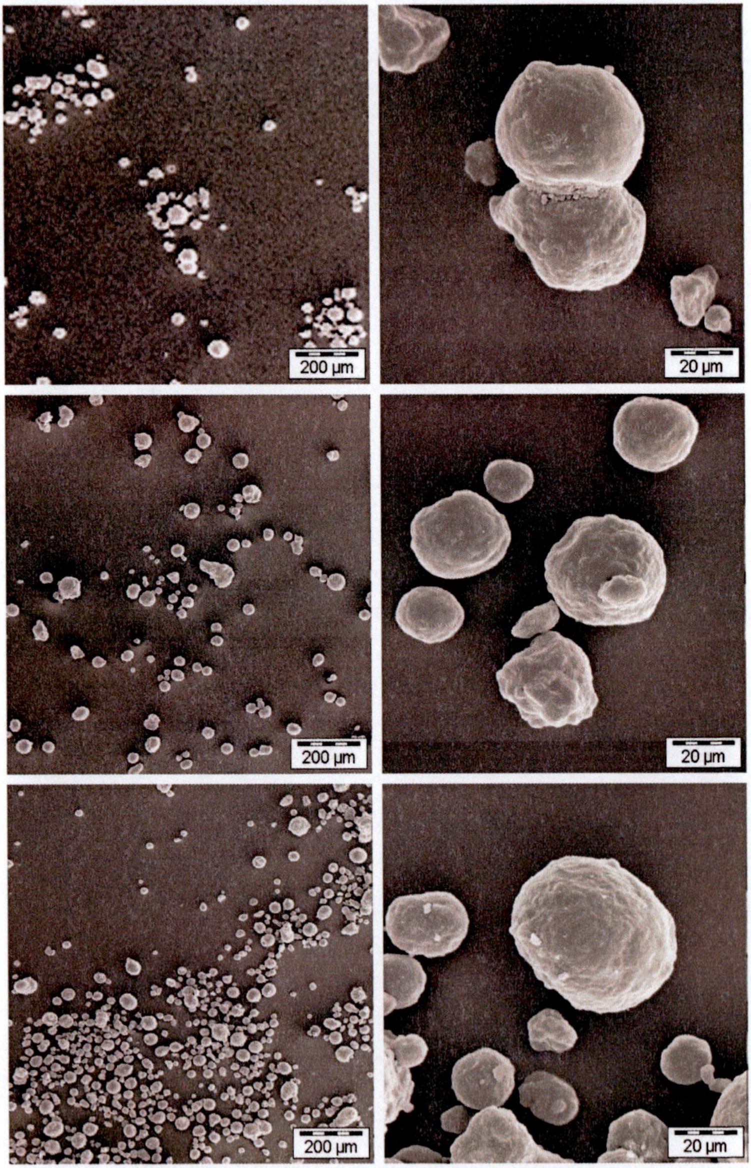

Abb. 3-22: SEM Mikrographien der Katalysatorsysteme MK 3, MK 4 und MK 5 aufgestreut auf ein Leit-Tap und mit 10 nm Gold besputtert.

In Tabelle 3-6 sind die BET-Daten für die Katalysatorsysteme MK 3, MK 4 und MK 5 zusammengefasst. Es finden sich für alle drei Katalysatorsysteme sehr ähnliche Kenndaten, insbesondere sind die prozentualen Porengrößenverteilungen fast identisch. Dieses ist jedoch auch zu erwarten, da ja alle verglichenen Katalysatorsysteme auf dem selben Trägermaterial basieren. Wie schon im Falle von MK 1 und MK 2 findet sich ein ganz überwiegender Anteil der spezifischen Oberfläche im mesoporösen Bereich, hier zu etwa 90 % Porenanteil mit einer Porengröße unter 20 nm. Die spezifische Oberfläche der Katalysatorsysteme MK 3 und MK 4 beträgt 374 m^2/g, MK 5 weist mit 322 m^2/g einen etwas kleineren Wert auf. Dieses ist insofern bemerkenswert, als gerade MK 5 den geringsten Aluminiumgehalt besitzt. Es zeigt sich hier, dass auch andere Einflussgrößen, wie z. B. die Trocknung des Fällungskieselgels vor der Trägerung, der Kontakt mit Spuren polarer Lösungsmittel und die Restfeuchte aus der Trägerung einen entscheidenden Einfluss haben. Im Vergleich zu den Katalysatorsystemen MK 1 und MK 2 ist die spezifischen Oberfläche aller drei hier diskutierten Katalysatorsysteme jedoch deutlich höher, wahrscheinlich auf Grund der geringeren mittleren Partikelgröße.

BET- Daten	MK 3	MK 4	MK 5
Spezifische Oberfläche	374 [m^2/g]	374 [m^2/g]	322 [m^2/g]
Porenanteil 0-6 nm	1.6 %	2.5 %	2.7 %
Porenanteil 6-10 nm	17.2 %	17.0 %	17.6 %
Porenanteil 10-20 nm	71.2 %	66.2 %	69.3 %
Porenanteil 20-100 nm	4.3 %	4.0 %	4.3 %

Tab. 3-6: BET-Daten für die Katalysatorsysteme MK 3, MK 4 und MK 5.

In Abbildung 3-23 bis 3-28 wird das Trägerungsergebnis der Katalysatorsysteme MK 3, MK 4 und MK 5 anhand von Blockanschnitten der in Epoxydharz eingebetteten Proben der Katalysatorsysteme untersucht. Ein Vergleich aller hier gezeigten SEM Mikrographien und EDX Auswertungen wie auch weiterer Kontrolluntersuchungen zeigt für alle Katalysatorsysteme eine sehr homogene Beladung mit den Aktivkomponenten.

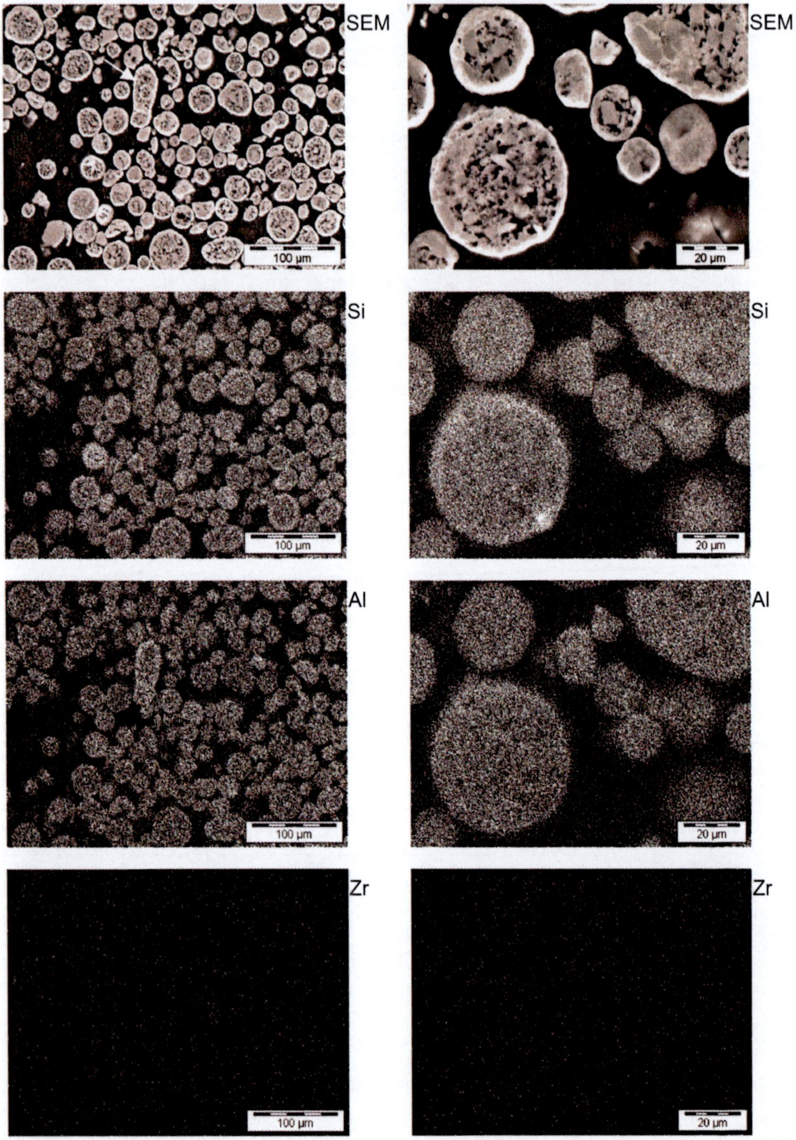

Abb. 3-23: SEM Mikrographien eines Blockanschnitts des in Epoxydharz eingebetteten Katalysatorsystems MK 3 sowie die zugehörigen Elementvereilungsbilder für Silizium, Aluminium und Zirkon.

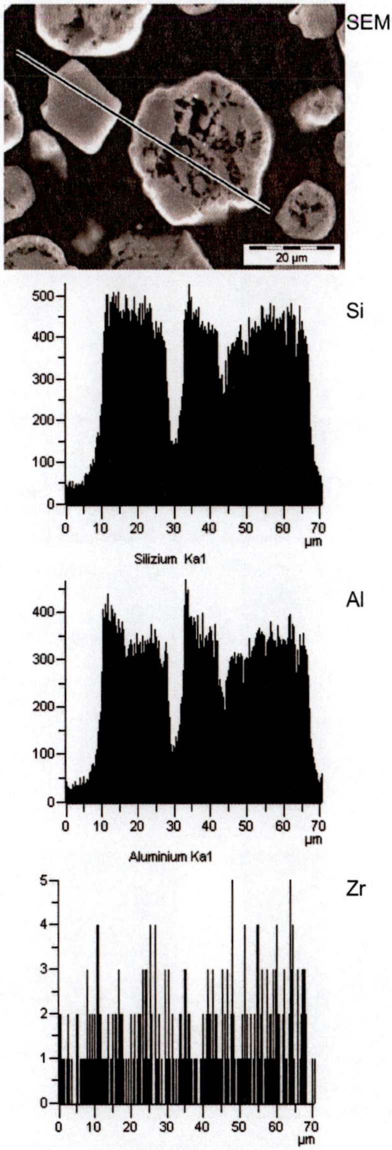

Abb. 3-24: SEM-Aufnahmen von Blockanschnitten typischer Partikel des in Epoxydharz eingebetteten Katalysatorsystems MK 3 sowie die zugehörigen EDX-Linescan-Analysen für Silizium, Aluminium und Zirkon.

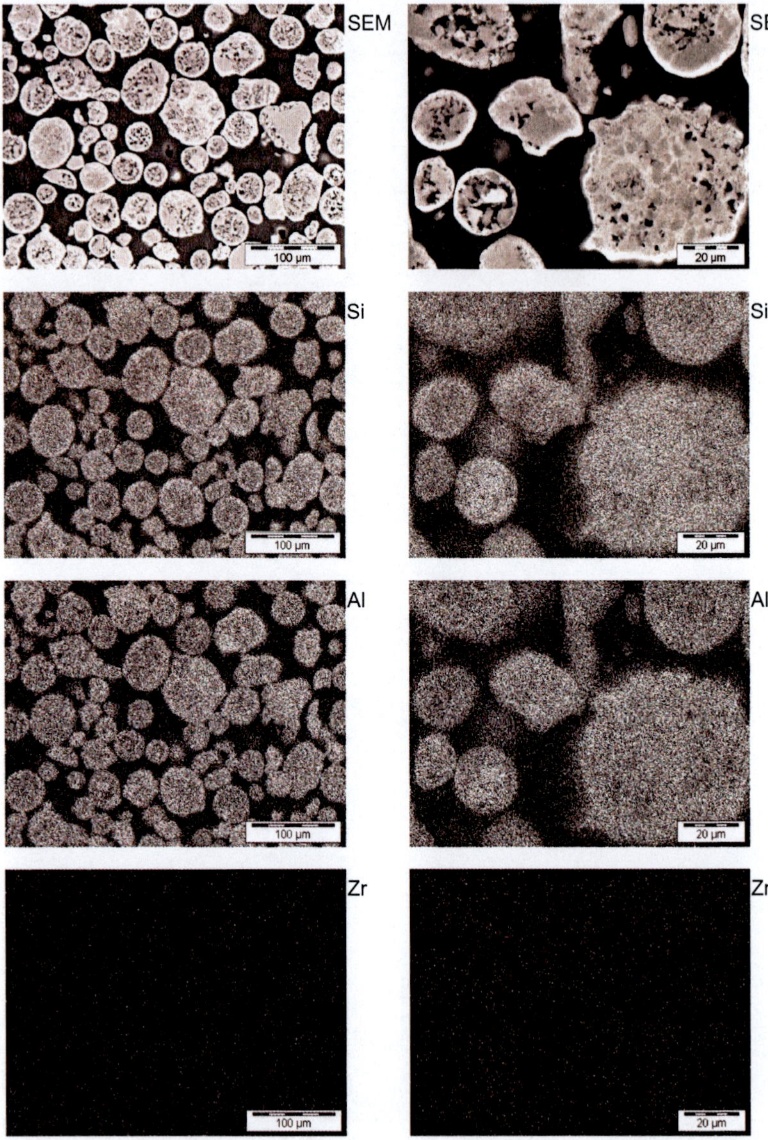

Abb. 3-25: SEM Mikrographien eines Blockanschnitts des in Epoxydharz eingebetteten Katalysatorsystems MK 4 sowie die zugehörigen Elementvereilungsbilder für Silizium, Aluminium und Zirkon.

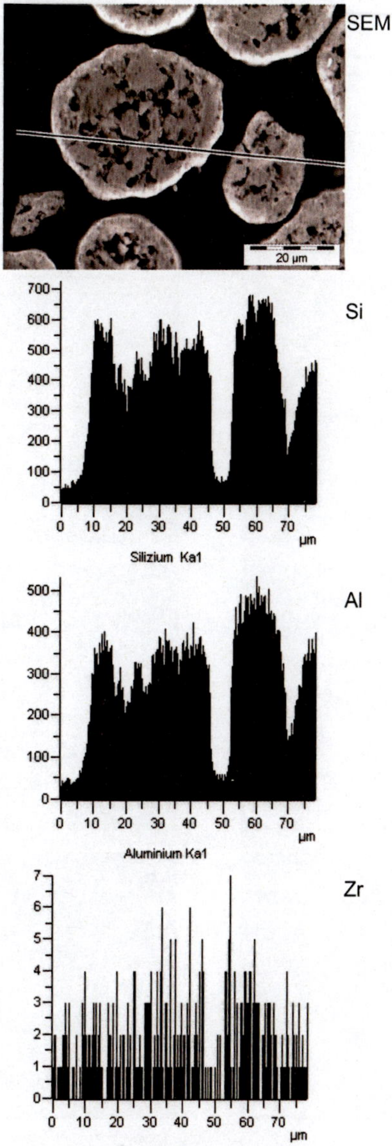

Abb. 3-26: SEM-Aufnahmen von Blockanschnitten typischer Partikel des in Epoxydharz eingebetteten Katalysatorsystems MK 4 sowie die zugehörigen EDX-Linescan-Analysen für Silizium, Aluminium und Zirkon.

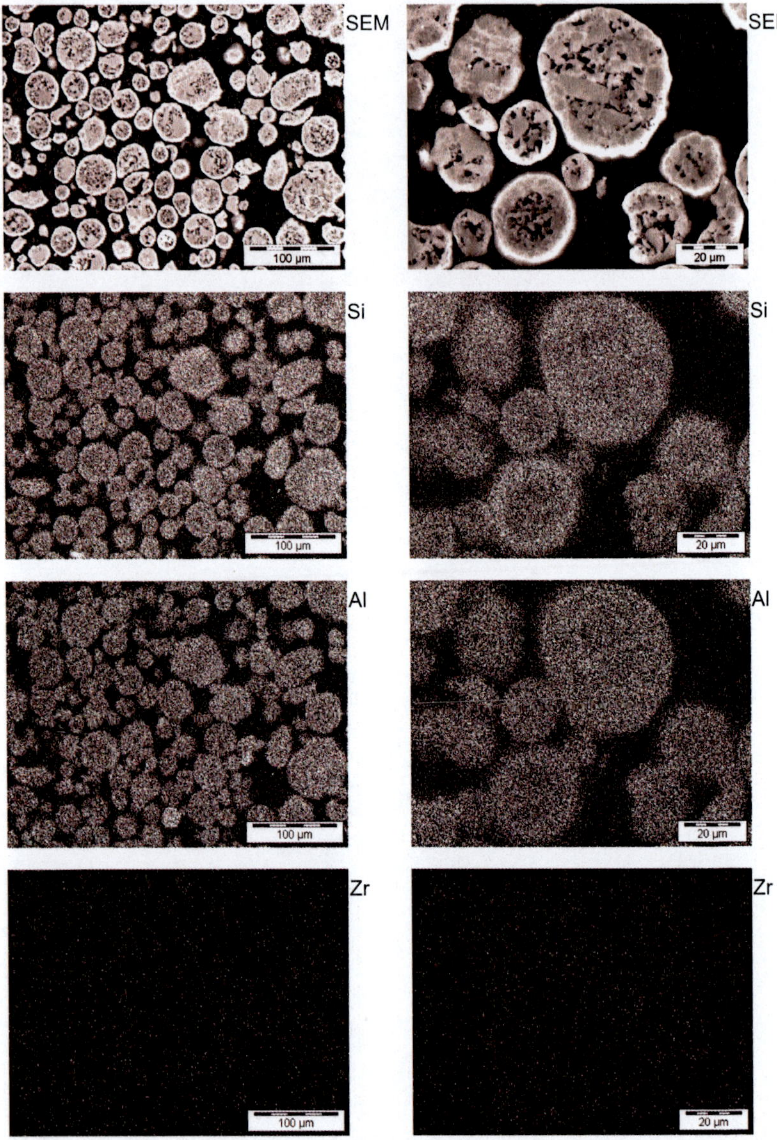

Abb. 3-27: SEM Mikrographien eines Blockanschnitts des in Epoxydharz eingebetteten Katalysatorsystems MK 5 sowie die zugehörigen Elementvereilungsbilder für Silizium, Aluminium und Zirkon.

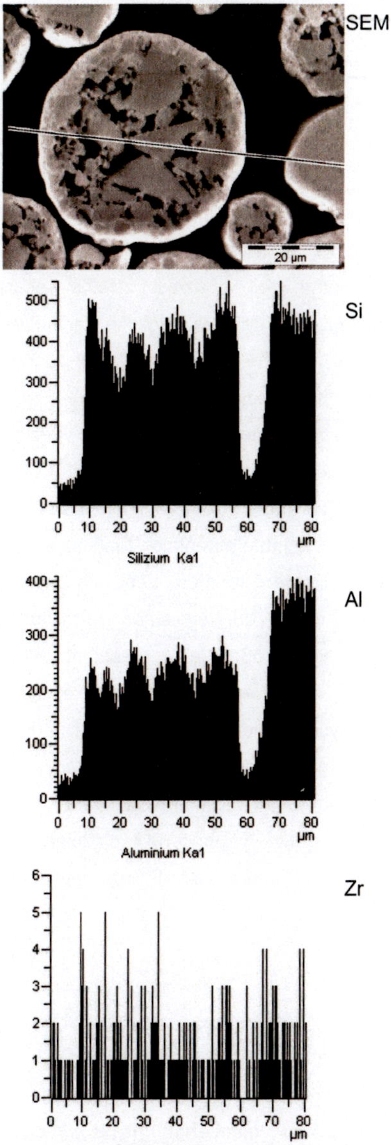

Abb. 3-28: SEM-Aufnahmen von Blockanschnitten typischer Partikel des in Epoxydharz eingebetteten Katalysatorsystems MK 5 sowie die zugehörigen EDX-Linescan-Analysen für Silizium, Aluminium und Zirkon.

In Abbildung 3-23 befindet sich in der linken Spalte oben eine SEM Übersichtsaufnahme des Katalysatorsystems MK 3. Darunter befinden sich die zugehörigen Elementverteilungsbilder für Silizium, Aluminium und Zirkon. In der rechten Spalte ist ein höher vergrößerter Bildausschnitt mit den dazugehörigen Elementverteilungsbildern wiedergegeben. In der SEM Übersichtsaufnahme erkennt man deutlich die sphärisch Gestalt des sprühgetrockneten Fällungskieselgels. Auch ist ein recht hoher Anteil an kleinen Partikeln mit einem Durchmesser unter 10 µm, wie zuvor schon in Abbildung 3-22, gut erkennbar. Der weiße Pfeil kennzeichnet eine weitere typische Anomalie von sprühgetrocknetem Fällungskieselgel: Die längliche Partikel weist in ihrem Inneren eine weitere Unterstruktur auf, welche ebenfalls die typische globuläre Struktur von sprühgetrocknetem Fällungskieselgel aus kleinen Bruchstücken granulären Fällungskieselgels besitzt. Am unteren Ende dieser Partikel ist eine weitere solche „verschmolzene" Partikel sichtbar. Wie schon in Kapitel 1.4 anhand des Unterschieds zwischen granulärem und sprühgetrocknetem Fällungskieselgel besprochen, besitzen solche Anomalien jedoch keinen fundamentalen Einfluss auf das Fragmentierungs- oder Polymerisationsverhalten. In der höheren Vergrößerung der rechten Mikrographie erkennt man gut den Aufbau der einzelnen Katalysatorpartikel aus verklebten granulären Bruchstücken. Die Größe dieser granulären Bruchstücke im Bereich von etwa 1 µm bis 10 µm zeigt, dass hier das Fällungskieselgel feiner vermahlen wurde als im Fall der Katalysatorsysteme MK 1 und MK 2. Die Elementverteilungsbilder für Silizium und Aluminium zeigen für alle untersuchten Partikel eine homogene Verteilung des Cokatalysators MAO auf dem Trägermaterial. Da auf den Elementverteilungsbilder für Zirkon keine Anreicherung des Zirkonocens in einzelnen Bereichen der untersuchten Partikel gefunden wurde, kann indirekt der Schluss gezogen werden, dass auch das Zirkonocen weitgehend homogen verteilt vorliegt.

Die Linescan-Analysen in Abbildung 3-24 zeigen die Elementverteilung entlang einer in der oben abgebildeten SEM Mikrographie eingezeichneten Linie. Die Ergebnisse zeigen erneut und in quantitativen Verhältnissen die homogene Beladung des Katalysatorträgers mit den Aktivkomponenten. Da neben einer typischen sprühgetrockneten Partikel auch eine eher untypische granuläre Partikel untersucht wurde, kann hier nochmals die Gleichförmigkeit der Strukturen in der Beladung bestätigt werden.

In kompletter Analogie zu den für die Abbildungen 3-23 und 3-24 gemachten Aussagen über MK 3 steht auch die Interpretation der Abbildungen 3-26 / 3-27 für MK 4 und MK 5. Es zeigen sich keine signifikanten Unterschiede zwischen den verglichenen Katalysatorsystemen in der Struktur der Trägers oder in der Verteilung der katalytisch aktiven Komponenten. Etwaige Unterschiede im Polymerisationsverhalten zwischen den Katalysatorsystemen sollten also insbesondere auf die unterschiedlich hohen Beladung mit Zirkonocen zurückzuführen sein.

3.7 Polymerisationsverhalten von MK 3, MK 4 und MK 5

3.7.1 Suspensionspolymerisation mit MK 3, MK 4 und MK 5

Um Erkenntnisse über das Polymerisationsverhalten der Katalysatorsysteme MK 3, MK 4 und MK 5 zu sammeln, wurden diese zuerst in der Suspensionspolymerisation untersucht. Es wurde dabei das Polymerisationsverhalten bezogen auf die Konzentration des eingesetzten Zirkonocens verglichen. Die verwendeten Mengen an Katalysatorsystem und damit die Mengen an eingesetztem Cokatalysator MAO wie auch an Katalysatorträger variieren also von Katalysator zu Katalysator, die Menge an eingesetztem Zirkonocen wurde hingegen konstant gehalten.

In den Abbildungen 3-29 bis 3-31 sind die zugehörigen Polymerisationsgeschwindigkeits-Zeit-Diagramme für die Propenpolymerisation in Toluol in Abhängigkeit der Temperatur dargestellt. Die Polymerisationsprofile in den Abbildungen wurden mit Massendurchflussmessern bestimmt, wobei der Katalysator zum Reaktionsstart in das Reaktionsgemisch eingerieselt wurde, um das erste Geschwindigkeitsmaximum artefaktfrei aufzeichnen zu können. Wie man den Diagrammen entnehmen kann, laufen auch diese Polymerisationen entsprechend den Vorstellungen des *polymer growth and particle expansion model* (Kapitel 1.6) ab. In allen Fällen tritt nach dem ersten Geschwindigkeitsmaximum eine Phase verminderter Polymerisationsgeschwindigkeit auf, deren Dauer von der Polymerisationstemperatur abhängt. Anschließend steigt die Polymerisationsgeschwindigkeit wieder an, um schließlich einem breiten Maximum entgegenzustreben. Diese fundamentale Charakteristik, welche auch bei den Katalysatorsystemen MK 1 und MK 2 beobachtet wurde, ist auch den drei hier untersuchten Katalysatoren gemein. Bemerkenswert ist ferner, dass die unterschiedlichen Verhältnisse von Katalysator zu Cokatalysator (Tabelle 3-5) hier keinen systematischen Einfluss auf die Polymerisationsgeschwindigkeit zeigen, wobei wie oben erwähnt, hier jeweils gleiche Konzentrationen an Zirkonocen für die einzelnen Polymerisationen eingesetzt wurden.

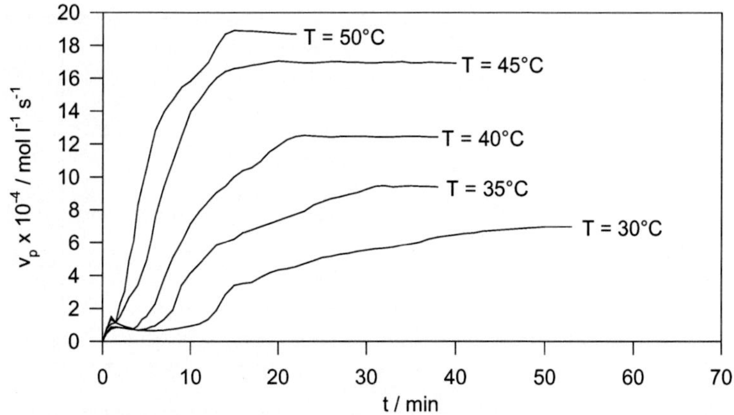

Abb. 3-29: Geschwindigkeits/Zeit-Auftragung für die Propenpolymerisation in Suspension mit MK 3 in Abhängigkeit von der Polymerisationstemperatur. *Polymerisationsbedingungen:* $V_{(Toluol)} = 0.13$ *l;* $c_{Zr} = 6 \times 10^{-5}$ *mol / l; [Zr] : [Al(i-bu)*$_3$*] = 1 : 200;* $p_{(Propen)} = 2$ *bar*

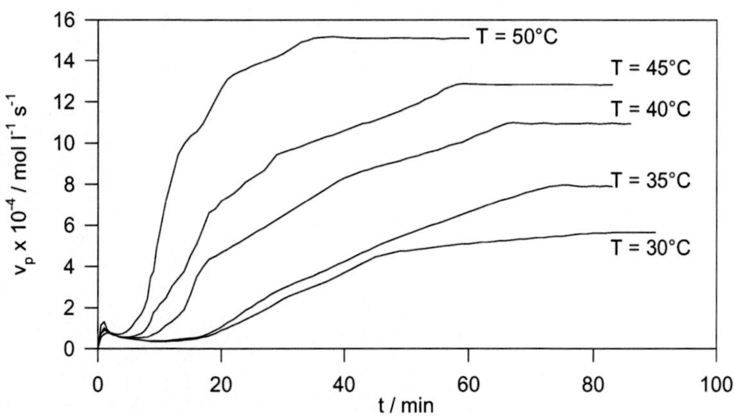

Abb. 3-30: Geschwindigkeits/Zeit-Auftragung für die Propenpolymerisation in Suspension mit MK 4 in Abhängigkeit von der Polymerisationstemperatur. *Polymerisationsbedingungen:* $V_{(Toluol)} = 0.13$ *l;* $c_{Zr} = 6 \times 10^{-5}$ *mol / l; [Zr] : [Al(i-bu)*$_3$*] = 1 : 200;* $p_{(Propen)} = 2$ *bar*

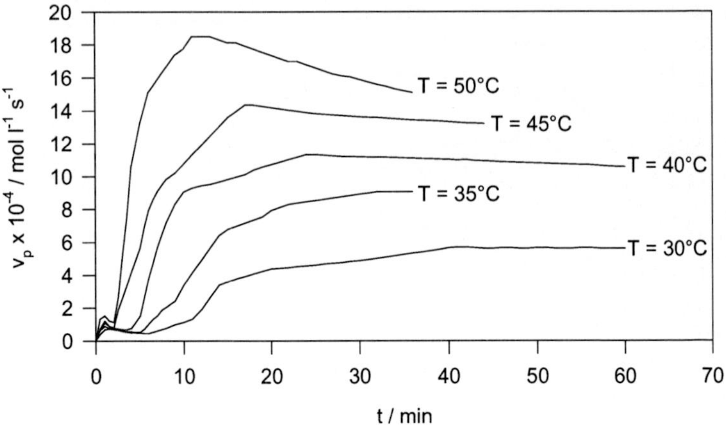

Abb. 3-31: Geschwindigkeits/Zeit-Auftragung für die Propenpolymerisation in Suspension mit MK 5 in Abhängigkeit von der Polymerisationstemperatur. Polymerisationsbedingungen: $V_{(Toluol)}$ = 0.13 l; c_{Zr} = 6 x 10^{-5} mol / l; [Zr] : [Al(i-bu)$_3$] = 1 : 200; *$p_{(Propen)}$ = 2 bar*

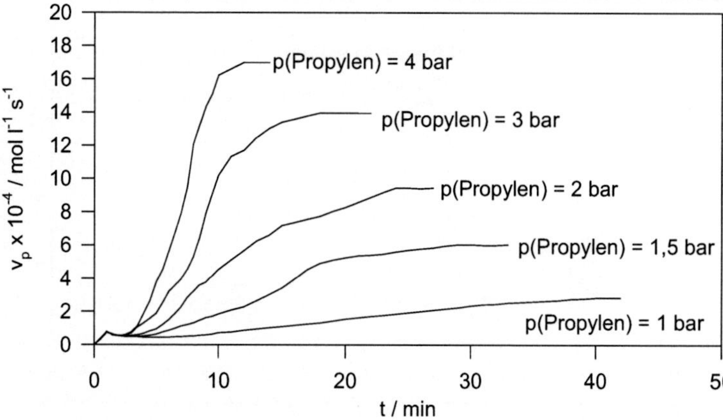

Abb. 3-32: Geschwindigkeits/Zeit-Auftragung für die Propenpolymerisation in Suspension mit MK 3 in Abhängigkeit von der Propenkonzentration. *Polymerisationsbedingungen:* $V_{(Toluol)} = 0.13\ l$; $c_{Zr} = 3 \times 10^{-5}\ mol / l$; $[Zr] : [Al(i\text{-}bu)_3] = 1 : 200$; $T = 50°C$

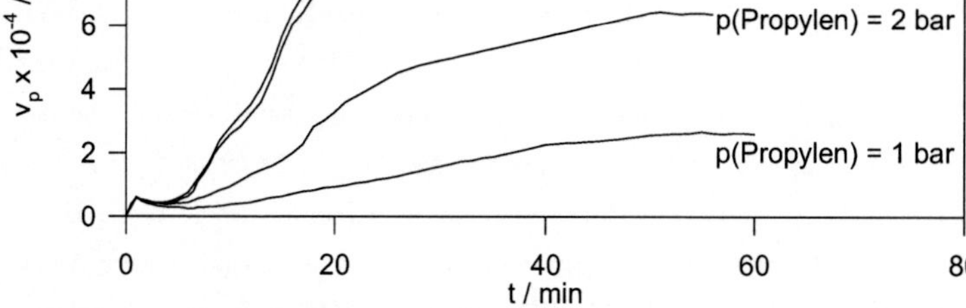

Abb. 3-33: Geschwindigkeits/Zeit-Auftragung für die Propenpolymerisation in Suspension mit MK 4 in Abhängigkeit von der Propenkonzentration. *Polymerisationsbedingungen:* $V_{(Toluol)} = 0.13\ l$; $c_{Zr} = 3 \times 10^{-5}\ mol / l$; $[Zr] : [Al(i\text{-}bu)_3] = 1 : 200$; $T = 50°C$

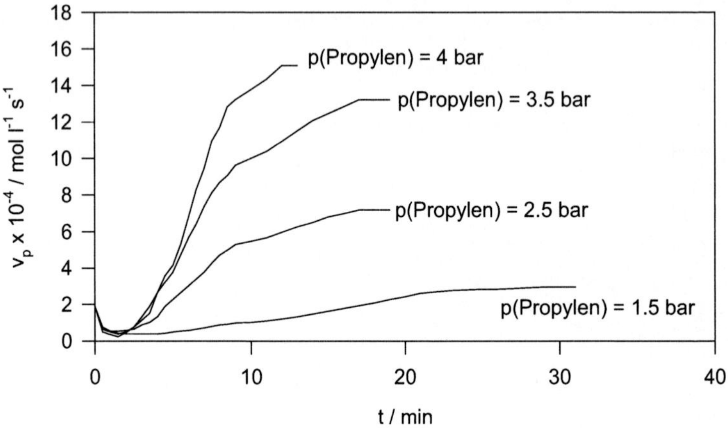

Abb. 3-34: Geschwindigkeits/Zeit-Auftragung für die Propenpolymerisation in Suspension mit MK 5 in Abhängigkeit von der Propenkonzentration. *Polymerisationsbedingungen:* $V_{(Toluol)} = 0.13\ l$; $c_{Zr} = 3 \times 10^{-5}$ mol / l; *[Zr] : [Al(i-bu)*$_3$*] = 1 : 200; T = 50°C*

Die Abbildungen 3-32 bis 3-34 zeigen die Polymerisationsgeschwindigkeits-Zeit-Diagramme der Suspensionspolymerisation für die Systeme MK 3, MK 4 und MK 5 in Abhängigkeit von der Monomerkonzentration. Erwartungsgemäß resultieren auch hier die bekannten Geschwindigkeits-/Zeit Charakteristika mit je zwei Polymerisationsmaxima. Im Vormaximum bildet sich eine diffusionslimitierende Polymerschicht an der Oberfläche der einzelnen Partikel aus, das Hauptmaximum ist der Partikelexpansion unter Bildung größerer Polymermengen zuzuordnen. Mit zunehmendem Propendruck bzw. mit zunehmender Monomerkonzentration resultiert, erwartungsgemäß, eine steigende Polymerisationsgeschwindigkeit sowie eine signifikante Verkürzung der Periode zwischen den beiden Geschwindigkeitsmaxima, in welcher die Phase der Trägerfragmentierung durchlaufen wird. Auch durch eine Variation der Monomerkonzentration wird in der Suspensionspolymerisation hier ebenfalls kein systematischer Einfluss des Verhältnisses von Katalysator zu Cokatalysator (Tabelle 3-5) auf die Polymerisationsgeschwindigkeit sichtbar. Das variieren der Mengen an eingesetztem MAO und Katalysatorträger im Intervall von Verhältnis Zr : Al_{MAO} = 1 : 250 über 1 : 180 bis 1 : 130 hat offenbar keinen großen Einfluss auf das Polymerisationsverhalten der Zirkonocen-Komponente.

3.7.2 Massepolymerisation mit MK 3, MK 4 und MK 5

Nachdem in Kapitel 3.7.1 kein nennenswerter Einfluss der Katalysatorbeladung mit Metallocen auf die Polymerisationsgeschwindigkeit in der Suspensionspolymerisation gefunden werden konnte, soll nun das Polymerisationsverhalten der Katalysatorsysteme MK 3, MK 4 und MK 5 in der Massepolymerisation untersucht werden. Wiederum wird dabei das Polymerisationsverhalten bezogen auf die Konzentration des eingesetzten Zirkonocens verglichen. Die verwendeten Mengen an Katalysatorsystem und damit die Mengen an eingesetztem Cokatalysator MAO wie auch an Katalysatorträger-Material variieren also von Katalysator zu Katalysator, die Menge an eingesetztem Zirkonocen hingegen wurde konstant gehalten.

In den Abbildungen 3-35 bis 3-37 sind Polymerisationsprofile bei verschiedenen Polymerisationstemperaturen dargestellt. Wie aus den Abbildungen ersichtlich wird, handelt es sich bei allen drei Katalysatoren um hochaktive Systeme. Sie erreichen deutlich schneller als die bereits untersuchten Katalysatorsysteme MK 1 und MK 2 sehr hohe Polymerisationsgeschwindigkeiten. Da in Kapitel 3.2 der Anstieg der Polymerisationsgeschwindigkeit auch in der Massepolymerisation direkt mit der Fragmentierung des Katalysatorträgers und der damit verbundenen Freisetzung weiterer polymerisationsaktiver Zentren korreliert werden konnte, liegt es nahe, dieses schnellere "Anspringen" auf den deutlich kleineren mittleren Partikeldurchmesser und damit einer schnelleren kompletten Fragmentierung von MK 3, MK 4 und MK 5 im Vergleich zu MK 1 und MK 2 zurückzuführen.

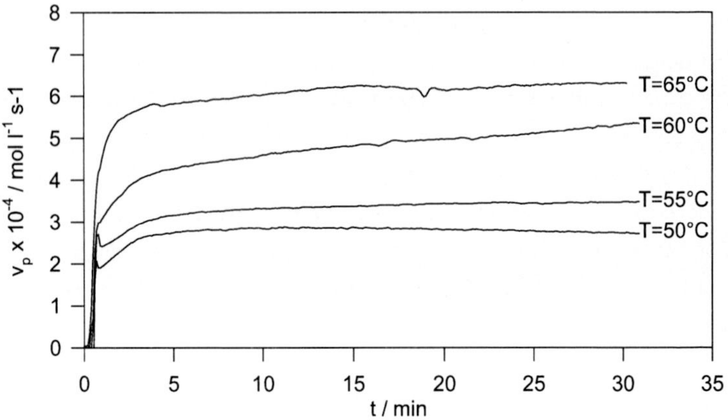

Abb. 3-35: Geschwindigkeits/Zeit-Auftragungen für die Propenpolymerisation in Masse mit MK 3 in Abhängigkeit von der Polymerisationstemperatur. *Polymerisationsbedingungen: 430 g Propen; 1 ml* $Al(i\text{-}bu)_3$; *rpm = 250;* $c_{Zr} = 9.37 \times 10^{-7}$ *mol / l*

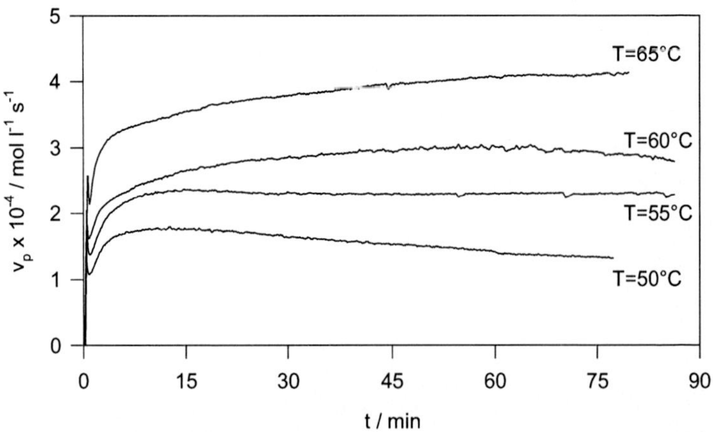

Abb. 3-36: Geschwindigkeits/Zeit-Auftragungen für die Propenpolymerisation in Masse mit MK 4 in Abhängigkeit von der Polymerisationstemperatur. *Polymerisationsbedingungen: 430 g Propen; 1 ml* $Al(i\text{-}bu)_3$; *rpm = 250;* $c_{Zr} = 9.37 \times 10^{-7}$ *mol / l*

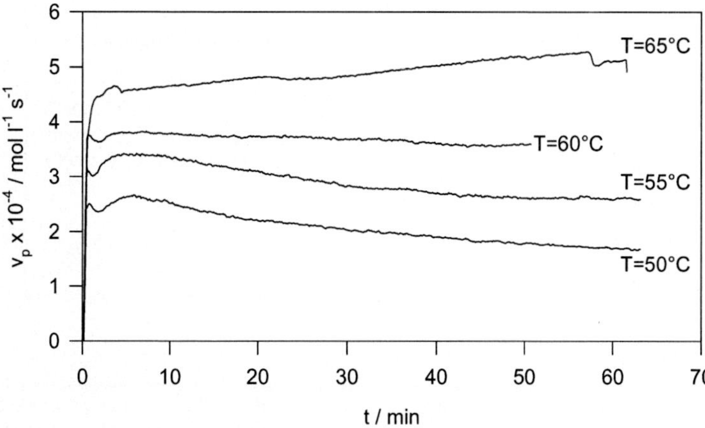

Abb. 3-37: Geschwindigkeits/Zeit-Auftragungen für die Propenpolymerisation in Masse mit MK 5 in Abhängigkeit von der Polymerisationstemperatur. *Polymerisationsbedingungen: 430 g Propen; 1 ml Al(i-bu)$_3$; rpm = 250;* $c_{Zr} = 9.37 \times 10^{-7}$ *mol / l*

Beim Vergleich der einzelnen Polymerisationsprofile erkennt man, dass sich alle drei Katalysatoren im wesentlichen sehr ähnlich verhalten. In Analogie mit den Betrachtungen in Kapitel 3.5.2 ist das erste Geschwindigkeitsmaximum zu Beginn der Polymerisation nur in untergeordnetem Maße auf eine reale Polymerisationsaktivität zurückzuführen.

Hinsichtlich des Anspringverhaltens und der Maximalaktivität ist aber dennoch eine leichte Abstufung ersichtlich. Während MK 4 etwa 10 Minuten zum Erreichen der Maximalgeschwindigkeit von 1.7×10^{-4} mol l^{-1} s^{-1} bei 50 °C benötigt, werden bei MK 5 2.6×10^{-4} mol l^{-1} s^{-1} nach etwa 6 Minuten und bei MK 3 2.9×10^{-4} mol l^{-1} s^{-1} nach etwa 8 Minuten erreicht. Zwar sind diese Abstufungen nicht sonderlich ausgeprägt, dennoch ist der gerade aufgezeigte Trend von MK 4 über MK 5 nach MK 3 erkennbar.

Auch das Variieren der Katalysatorkonzentration in den Messreihen in Abbildung 3-38 bis 3-40 bestätigt sowohl die gemachten Aussagen zum generellen Ablauf der Massepolymerisation mit MK 3, MK 4 und MK 5 als auch die Aktivitätsabstufung von MK 4 als Katalysatorsystem mit der geringsten Aktivität gegenüber MK 5 und MK 3.

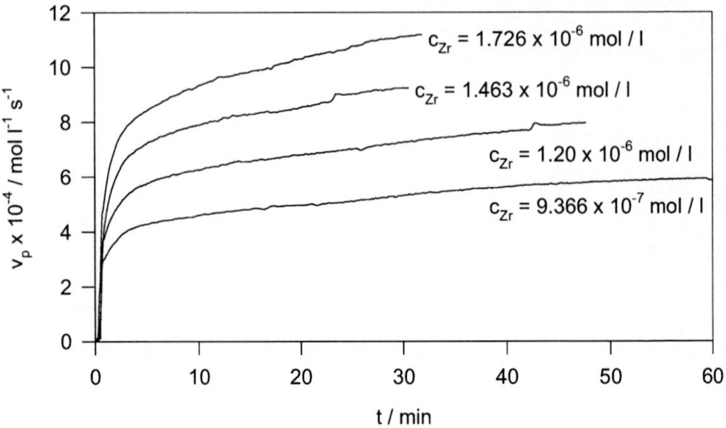

Abb. 3-38: Geschwindigkeits/Zeit-Auftragungen für die Propenpolymerisation in Masse mit MK 3 in Abhängigkeit von der Zirkonocenkonzentration. *Polymerisationsbedingungen: 430 g Propen; 1ml Al(i-bu)$_3$; rpm = 250; T = 60 °C*

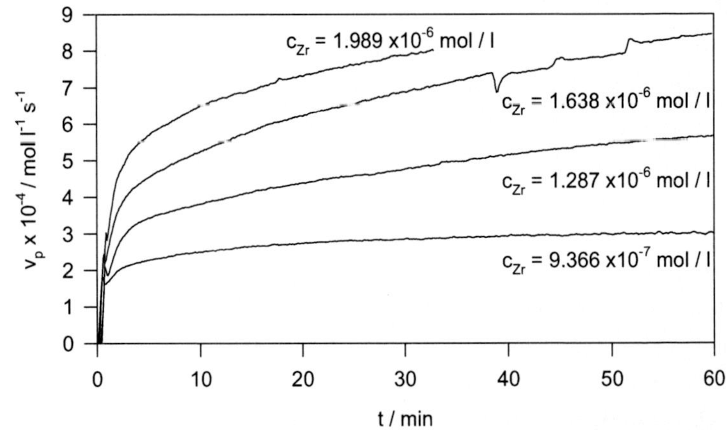

Abb. 3-39: Geschwindigkeits/Zeit-Auftragungen für die Propenpolymerisation in Masse mit MK 4 in Abhängigkeit von der Zirkonocenkonzentration. *Polymerisationsbedingungen: 430 g Propen; 1ml Al(i-bu)$_3$; rpm = 250; T = 60 °C*

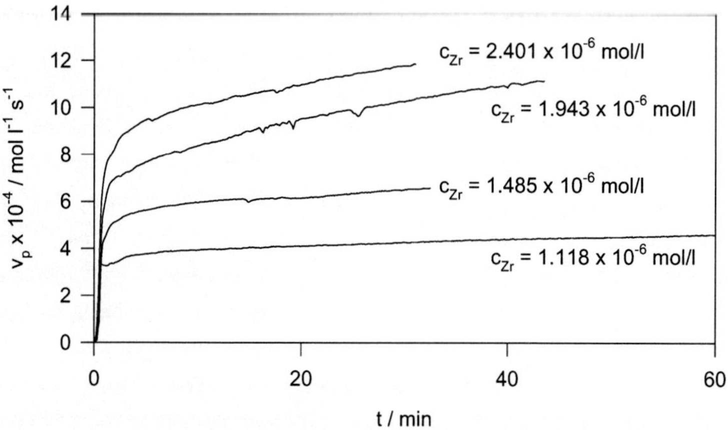

Abb. 3-40: Geschwindigkeits/Zeit-Auftragungen für die Propenpolymerisation in Masse mit MK 5 in Abhängigkeit von der Zirkonocenkonzentration. *Polymerisationsbedingungen: 430 g Propen; 1 ml Al(i-bu)$_3$; rpm = 250; T = 60 °C*

Neben den bereits in Kapitel 3.6 gemachten Aussagen zur Herstellung der Katalysatorsysteme und zu eventuellen Schwierigkeiten in deren Reproduzierbarkeit sei hier nochmals darauf hingewiesen, dass die Katalysatoren MK 3 sowie MK 5 im Labormaßstab produziert worden sind, während das Katalysatorsystem MK 4 aus einer Pilotanlagen stammt. Die damit einhergehenden apparativen Abweichungen, wie z. B. Kesselform, Durchmischung, Restfeuchte des Trägermaterials und Restlösemittelgehalt der geträgerten Katalysatoren genügen offenbar bereits, um die Polymerisationsverläufe der Katalysatoren merklich zu beeinflussen. Dieses entspricht der allgemeinen Erfahrung, dass bei der Heterogenisierung von Metallocen / MAO-Katalysatoren auf Silica immer Unikate entstehen. So ist es z. B. nur selten möglich, eine Katalysatorcharge so genau zu reproduzieren, dass aus beiden Chargen identische Polymerisationsprofile resultieren. Demgegenüber scheint das variieren der Mengen an eingesetztem MAO und Katalysatorträger im recht engen Intervall von Verhältnis Zr : Al_{MAO} = 1 : 250 bis 1 : 130 nur einen untergeordneten Einfluss auf das Polymerisationsverhalten des Katalysators zu haben.

Prinzipiell wäre denkbar, dass bereits im Falle von MK 5 (Zr : Al_{MAO} = 1 : 130) eine vollständige Aktivierung aller Zirkonocenzentren erreicht wird. Eine weitere Steigerung des Überschusses an Cokatalysator hätte dann keinen weiteren Einfluss auf die Polymerisationsaktivität. Um die beobachtete Ähnlichkeit aller Systeme im Polymerisationsverhalten beim Einsatz gleicher Konzentrationen an Zirkonocen zu erklären, müsste man dann jedoch unterstellen, dass die Menge des zur Katalysatorträgerung eingesetzten Silica keinen Einfluss auf das Polymerisationsverhalten hat. Ruft man sich in Erinnerung das bei MK 3 im Vergleich zu MK 5 etwa die doppelte Masse an Träger verwendet wurde erscheint es eher unwahrscheinlich, dass dieses, weder unter milden Bedingungen in der Suspensionspolymerisation, noch unter drastischeren Bedingungen in der Massepolymerisation eine merklichen Einfluss auf die Polymerisationscharakteristik hat.

Es ist aber auch denkbar, dass die größere Menge an MAO, die dem einzelnen Zirkonocen im Falle des Katalysatorsystems MK 3 gegenüber MK 4 und MK 5 zur Verfügung steht, zwar für eine effektivere Aktivierung der einzelnen Polymerisationszentren sorgt, dieser Effekt aber durch die größere Menge an Silica wieder kompensiert wird, z. B. durch eine Verlängerung der Diffusionswege oder die Vergiftung einzelner Zentren durch dem Trägermaterial anhaftende Verunreinigungen.

3.8 Aktivierungsenergien und Reaktionsordnungen von MK 1-MK 5

Abschließend sollen hier tabellarisch die in der Dissertation von Korber[80] bestimmten Aktivierungsenergien und Reaktionsordnungen aufgeführt werden. Dort findet sich auch eine ausführliche Herleitung. Es wurde jeweils das Maximum der Polymerisationsgeschwindigkeit in der Haupt- und Vorpolymerisation bestimmt und ln $v_p(Max) / c_{Propen}$ gegen 1 / T aufgetragen. Die Steigung der Ausgleichsgeraden liefert die Aktivierungsenergien (Tabelle 3-7). Für die Ermittlung der Partialordnung bezüglich Zirkonocen wurde log $v_p(Max)$ gegen log c_{Zr}, für die Ermittlung der Partialordnung bezüglich Propen log $v_p(Max)$ gegen log c_{Propen} aufgetragen und die Steigungen ermittelt (Tabelle 3-8).

	MK 1	MK 2	MK 3	MK 4	MK 5
Massepolymerisation E_A Hauptpolymerisation	20 kJ / mol	28 kJ / mol	51 kJ / mol	51 kJ / mol	52 kJ / mol
Suspensionspolymerisation E_A Vorpolymerisation	n. b.	27 kJ / mol	46 kJ / mol	38 kJ / mol	50 kJ / mol
Suspensionspolymerisation E_A Hauptpolymerisation	70 kJ / mol	83 kJ / mol	59 kJ / mol	55 kJ / mol	64 kJ / mol

Tab. 3-7: Zusammenstellung der Aktivierungsenergien (E_A) für die Katalysatorsyseme MK 1-MK 5.

	MK 1	MK 2	MK 3	MK 4	MK 5
Massepolymerisation RO_{Zr} Hauptpolymerisation	n. b.	n. b.	1.2	1.4	1.4
Suspensionspolymerisation RO_{Zr} Hauptpolymerisation	n. b.	n. b.	1.2	1.1	1.1
Suspensionspolymerisation RO_{Propen} Hauptpolymerisation	n. b.	1.0	1.0	1.0	1.3
Suspensionspolymerisation RO_{Zr} Vorpolymerisation	n. b.	0.4	1.3	1.3	1.3
Suspensionspolymerisation RO_{Propen} Vorpolymerisation	n. b.	n. b.	~ 0	~ 0	~ 0

Tab. 3-8: Zusammenstellung der Reaktionsordnungen (RO) bezüglich Zirkonocen (Zr) und Propen für die Katalysatorsyseme MK 1-MK 5.

4 *In situ* Videomikroskopie

4.1 *In situ* Videomikroskopie: Verfahrensentwicklung

4.1.1 Stand der Technik und einleitende Überlegungen

Wie schon in Kapitel 1.6 für die Suspensionspolymerisation und in Kapitel 3.5 für die Massepolymerisation mit trägerfixierten Katalysatorsystemen gezeigt, wird auch bei der Olefinpolymerisationen in der Gasphase die Gestalt der Katalysatorpartikel durch die wachsenden Polymerpartikel repliziert. Aus gasförmigen Monomer bildet sich an den katalytisch aktiven Zentren kontinuierlich Polymer, die Größe der Einzelpartikel steigt dabei drastisch an. Die simpelste und wohl auch älteste Methode den Fortgang solcher Polymerisationsprozesses zu verfolgen ist, in einer Reihe von Polymerisationen die Reaktionszeit zu variieren und die einzelnen Polymerausbeuten gravimetrisch zu bestimmen. Prinzipiell kann auch die Menge des gebildeten Polymer auch kontinuierlich bestimmt werden indem auf einer geeigneten Waage polymerisiert wird.[82, 83] Andere gebräuchliche Verfahren zur Bestimmung der Kinetik von Polymerisationen beruhen auf einer Messung des Monomergasverbrauchs, etwa mittels Massendurchflussmessern,[70, 84, 85] Druckverlust- beziehungsweise Druckrampentechniken[86, 87] oder auf kalorimetrischen Messungen.[68-69, 88] Alle diese Verfahren sind jedoch nicht geeignet, um die Polymerisation einer einzelnen Katalysatorpartikels von etwa 75 µm Durchmesser bzw. etwa 0.2 µg Masse[*] unter hoch inerten Bedingungen zu verfolgen. Es handelt sich somit um Methoden zur Bestimmung der integralen Polymerisationsgeschwindigkeit eines Polymerisationsansatzes.

Will man die Polymerisationsgeschwindigkeit von Einzelpartikeln eines heterogenen Katalysatorsystems bestimmen, so bietet es sich an, die Größenexpansion dieser Partikel im Verlauf der Polymerisation mit einer Reihe von Mikrographien zu dokumentieren und den Verlauf der Größenexpansion als Maß für die gebildete Mengen an Polymer auszuwerten. Eine solche *in situ* Videomikroskopie erlaubt die Wachstumsgeschwindigkeit vieler getrennter Partikel simultan zu erfassen. Daneben

[*] unter Annahmen einer Dichte von 1 $g \cdot cm^{-3}$

können weitere Informationen, z. B. über die Morphologiereplikation der Katalysatorgestalt durch die wachsende Polymerpartikel, aus einer solchen Serie lichtmikroskopischer Aufnahmen gewonnen werden.

Über ein solches Verfahren zur videomikroskopischen Beobachtung der Butadienpolymerisation eines auf Kieselgel fixierten Ziegler-Katalysators auf Basis von Neodym wurde vor einigen Jahren erstmals von der Gruppe um Reichert berichtet.[89-92] Die verwendete Apparatur war jedoch auf das Arbeiten bei geringem Überdruck beschränkt. Jüngst berichtete die Gruppe um Reichert[86, 87, 93] auch über Ethenpolymerisationen mit Metallocen/MAO/SiO_2-Katalysatorsystem unter Verwendung einer modifizierten Apparatur. Insbesondere wurde der Einfluss von Licht und Verunreinigungen auf das Polymerisationsverhalten untersucht.[86, 87, 94] Die quantitative Auswertung der Polymerisationsgeschwindigkeit erfolgte hier aber nicht mittels Videomikroskopie sondern durch integrale Druckrampenmessungen des Monomerverbrauchs im Reaktor.

Pater aus der Gruppe um Weickert[95, 96] berichtet in seiner Dissertation über Ethenpolymerisationen mit auf Magnesiumchlorid geträgerten Ziegler-Katalysatoren in einem Fensterautoklaven. Dabei wird das Polymerwachstum mittels Videosignal oder alternativ die Reaktionswärme mittels einer Infrarotkamera registriert.

Olesko, Crozier et al[97-99] berichten über *in situ* beobachtete Ethenpolymerisationen im Transmissionselektronenmikroskop unter Verwendung von auf Magnesiumchlorid gerträgerten Ziegler-Katalysatoren. Der Monomergasdruck ist im Elektronenmikroskop dabei jedoch auf Drücke unterhalb 2 Torr beschränkt. Auch wird über Kontrollpolymerisationen bei 80-2300 Torr Ethendruck in einem Glasreaktor unter videomikroskopischer Beobachtung berichtet, wobei jedoch das Polymerwachstum nicht quantitativ ausgewertet wird.

Ebenfalls über Ethenpolymerisationen mit auf Magnesiumchlorid geträgerten Ziegler-Katalysatoren unter stark vermindertem Druck berichten auch Somorjai[100-103] und Freund.[104] Dort werden verschiedene spektroskopische Methoden zur *in situ* Charakterisierung des gebildeten Polymers eingesetzt.

Bei all diesen Untersuchungen bleibt die Partikelbeobachtung jedoch auf wenige Einzelpartikel beschränkt. Findet sich eine quantitative Auswertung der Polymerisationsgeschwindigkeit, so ist auch diese auf nur wenige Partikel beschränkt.[89-92, 94-96] Knappe Informationen zur (automatisierten) Bildverarbeitung finden sich in einigen Veröffentlichungen der Gruppen um Reichert[89, 91, 92] und Weickert.[95]

Ziel des videomikroskopischen Teil dieser Arbeit war die Konzeption und der Aufbau einer Anlage, welche es erlaubt Polymerisationen bis in den Bereich industriell genutzter Polymerisationsdrücke *in situ* zu verfolgen. Dabei wird mit Methoden der automatisierten, digitalen Bildverarbeitung eine hohe Anzahl an Partikeln erfasst und deren Wachstum präzise ausgewertet. Das Potential der Methode wird mit Hilfe einer breit angelegten Versuchsreihe erkundet und Möglichkeiten wie auch Limitierungen aufgezeigt. Ferner werden einzelne Partikel mit aus der *in situ* Videomikroskopie bekannter Individualkinetik einer eingehenden elektronenmikroskopischen Charakterisierung unterzogen und somit die Lücke zwischen elektronenmikroskopischer Charakterisierung von Einzelpartikeln und der Messung der integralen Kinetik ganzer Polymerisationsansätze weitgehend geschlossen.

Bestimmte Voraussetzungen sind notwendig, um mit Hilfe der Licht- oder Videomikroskopie das Wachstum einzelner Partikel mit einer Größe von etwa 30 µm bis 500 µm Durchmesser sicher beobachten und dokumentieren zu können. Da der Polymerisationsvorgang recht langsam ist, ist der Anspruch an die zeitliche Auflösung - also die Bildfrequenz - gering. Will man jedoch auch kleinste Größenänderungen erfassen und dieses bei einer möglichst großen Anzahl von Partikeln, so ist ein großes Beobachtungsfeld mit einer hohen räumliche Auflösung nötig. Die klassische Negativbelichtung erreicht eine sehr hohe Bildauflösung, jedoch ist die Entwicklung und Digitalisierung der Aufnahmen zeit- und kostenintensiv. Die Auflösung des üblichen Videosignals von 640 x 480 Pixeln reicht allenfalls zur parallelen Beobachtung einiger weniger Partikel. Seit einiger Zeit sind jedoch Digitalkameras mit hoher Bildpunktzahl (bis zu 12 Mio. Pixel) kommerziell verfügbar. Auch einige digitale Fotokameras aus dem Privatanwender-Marktsegment lassen sich an den C-Mount-Port eines Lichtmikroskops adaptieren und bieten eine relativ hohe Bildpunktzahl (1-5 Mio. Pixel) bei vergleichsweise niedrigen Kosten.[105] Die Speicher und Rechenleistung moderner PC's erlaubt es, 1000 und mehr solcher Digitalaufnahmen pro Tag aufzunehmen, auszuwerten und zu archivieren. Hierzu notwendige Bildbearbeitungsprogramme sind kommerziell erhältlich und erlauben eine flexible und weitgehend automatisierte Vermessung von zahlreichen Einzelpartikeln in aus den originalen Mikrographien erzeugten Binärbildern. Spezielle Programmierkenntnisse sind nicht zwingend erforderlich, die Bedienung der Bildbearbeitungsprogramme und die Auswertung der mit ihrer Hilfe erzeugten Messdaten ist jedoch zum Teil recht aufwendig.

Die Handhabung von kleinsten Katalysatormengen stellt aufgrund des ungünstigeren Verhältnisses von potentiell verunreinigten Oberflächen und der Menge an Katalysator hohe Anforderungen an die Reinheit. Sowohl die Reinheit des Monomergases als auch die Inertisierung der Apparatur müssen besonderen Ansprüchen genügen. Reicht z. B. im Technikummaßstab, also beim Einsatz von Gramm-Mengen Metallocen/MAO/SiO_2-Katalysatorsystem, noch die Überleitung von Stickstoff und die Dichtheit aller Anlagenkomponenten aus, um erfolgreich zu polymerisieren, so erfordert das Arbeiten im Labormaßstab, also der Einsatz von Milligramm-Mengen Metallocen/MAO/SiO_2-Katalysatorsystem, bereits das Inertisieren der Apparatur mittels Vakuum und / oder erhöhter Temperatur sowie eine Nachreinigung des Monomergases. Beim Polymerisieren mit Mikrogramm-Mengen Metallocen/MAO/SiO_2-Katalysatorsystem steigen die Anforderungen an die Reinheit weiter: So wurde in der vorliegenden Arbeit für Polymerisationen im Fensterautoklaven Monomergas des Typs 3.5 der Firma Messer, also mit 99,95 %tiger Reinheit eingesetzt, während im Labormaßstab mit Monomeren der Spezifikation 2.5, also 99,5 %tiger Reinheit gearbeitet werden kann. Das Nachtrocknen der Monomergase erfolgte jeweils über $NaAlEt_4$. Zum Inertisieren wurde die Apparatur über mehrere Stunden mittels einer Turbomolekularpumpe ausgepumpt, so dass ein Enddruck von ca. 10^{-6} mbar vor dem Fluten der Polymerisationskammer mit Argon erreicht wurde.

4.1.2 Versuchsaufbau und experimenteller Durchführung

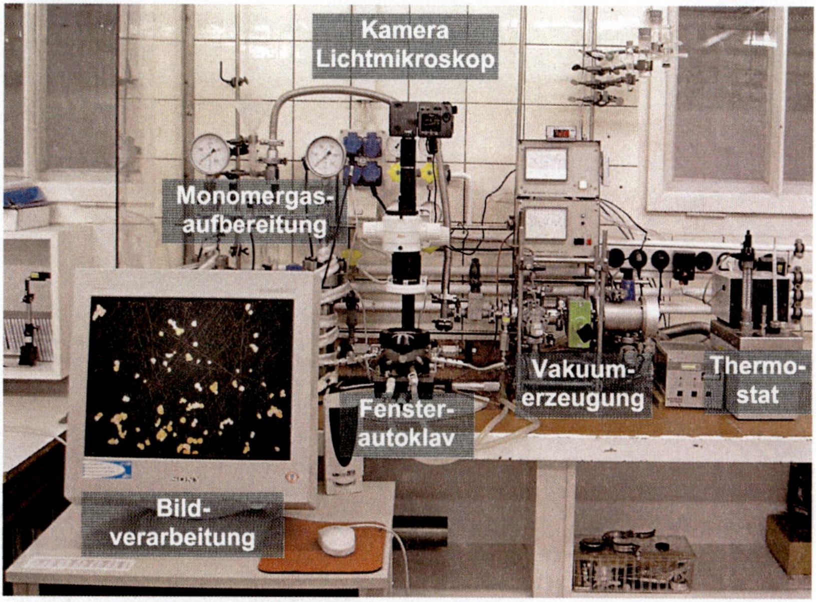

Abb. 4-1: Experimenteller Aufbau zur Durchführung videomikroskopisch überwachter Polymerisationsexperimente.

Abbildung 4-1 zeigt den experimentellen Aufbau zur Durchführung videomikroskopisch überwachter Polymerisationsexperimente. Bei Konzeption und Aufbau der Anlage wurden folgende Anforderungen besonders berücksichtigt:

Fensterautoklav:

- Druckfestigkeit bis in den Druckbereich industrieller Polyolefinproduktion 160 bar
- Sichtfenster mit hinreichender optischer Güte und einem Beobachtungsfeld von hinreichender Größe um eine statistisch signifikante Anzahl von Partikeln parallel zu beobachten.
- Gute Inertisierbarkeit (Vakuumdichtigkeit und glatte Oberflächen)
- Katalysatorunterlage mit guter Inertisierbarkeit, guter thermischer Leitfähigkeit, optisch einheitlicher Oberfläche welche einen guten Kontrast zu den Katalysator- und Polymerpartikeln liefert.
- Alle Komponenten sind beständig gegen Aluminumalkyle

- Klein, transportabel und zum Befüllen mit Katalysator in eine Glovebox einschleußbar
- Modular aufgebaut um Modifikationen zu erleichtern
- wo dieses möglich war, wurde auf bewährte Standarttechniken und Standartteile zurückgegriffen

Vakuumerzeugung:

- Robust und wartungsarm
- Turbomolekularpumpe zum Erreichen eines ölfreien Hochvakuums

Lichtmikroskop:

- Großes Gesichtsfeld bei gleichzeitig hinreichender Auflösung zum parallelen Detektieren vieler Einzelpartikel (hochauflösende Megapixel CCD-Kamera, Linsenwechsler; 0.63 x – 4.0 x)
- Hoher Arbeitsabstand bedingt durch notwendige Dicke des Autoklavenfensters
- geringe Bildfehler / Verzeichnungen auch im Randbereich durch Planapo-Objektiv
- gute Farbdarstellung durch geringe chromatische Abberation
- Möglichst hohe Schärfentiefe
- gerader und direkter Strahlengang wird durch eine Verschiebe-Einheit möglich. Das Frontobjektiv kann zum Kamera-Strahlengang zentriert werden.
- Leichte aber feste und gut justierbare Montage des Reaktors durch eine Klemmvorrichtung auf einem Kreuztisch mit Mikrometerschraubenantrieb
- Erschütterungsarme und staubarme Umgebung

Kamera:

- Preisgünstige Consumer CCD-Kamera mit 3.3 Megapixel Auflösung, bei Bedarf kann diese z. B. durch eine 12 Megapixel Kamera, welche speziell für die Lichtmikroskopie konzipiert ist ersetzt werden.

Bildverarbeitung:

- weitestgehend automatisierte Bildverarbeitung
- Windows-PC basierte AnalySIS Software der Firma Soft Image Systems
- Datentransfer für kinetische Tabellen / Diagramme zu MS Excel
- Flexible Lösung mit diversen Stellparametern, erweiterbar und frei programmierbar
- Sicherung aller Bilddaten auf CD-ROM

Monomergasaufbereitung:

- Ethen / Propen in 3.5 Qualität, Nachreinigung und Trocknung über $NaAlEt_4$
- Möglichst kurze Leitungswege um Kontaminationen zu vermeiden
- Erhöhung des Monomergasflusses durch erhöhte Katalysatorbeladung

Wichtigste Komponente der Anlage ist ein Fensterautoklav der in Abbildung 4-2 separat in geöffnetem Zustand wiedergegeben ist. Das Gesamtvolumen der Reaktionskammer beträgt etwa 50 ml (Abbildung 4-3). Am Boden der Reaktionskammer ist ein Edelstahlteller von etwa 4 cm Durchmesser mittig in eine Vertiefung einsteckbar. Ein Edelstahlzylinder, der passgenau in die Kammer eingesetzt werden kann, fixiert eine polierte Edelstahlscheibe wenige Millimeter unter dem als Deckel dienenden Fenster. In der Seitenwand des Reaktors befinden sich zwei Bohrungen, die zu einem Kugelventilen bzw. zu einem Manometer führen. Vom zweiten seitlich angebrachten Kugelventil führt eine Bohrung zum Reaktorboden und mündet unterhalb des einsteckbaren Tellers. Eine Bohrung im Autoklavenmantel, die keine Verbindung zum Autoklaveninneren hat, dient der Aufnahme eines Thermoelements. Verschlossen wird der Reaktor mit einer Borosilicatglasscheibe. Die Glasscheibe wird durch einen aufgeschraubten Deckel fixiert und mit einem Viton O-Ring gedichtet. Der Durchmesser des effektiv sichtbaren Fensters beträgt 9 cm. Konstruktionsgemäß ist der Autoklav für Arbeiten bei Drücken bis zu 160 bar ausgelegt, aus Sicherheitsgründen ist parallel zum Manometer eine Berstscheibe installiert, über die der Autoklav beim Überschreiten von 160 bar Arbeitsdruck entspannt. Eine Dichtigkeitsprüfung mit 150 bar Wasserstoff wurde vor Inbetriebnahme unter der Einhaltung gebotener Sicherheitsstandards erfolgreich durchgeführt. Die Temperierung des Autoklaven erfolgt über eine separate, drucklose Thermofluidkammer unterhalb der Reaktionskammer und einem daran über Schläuche angeschlossenen externen Thermostaten der Firma Lauda. Mit Wasser als Thermofluid ergibt sich so ein reproduzierbar einzustellender Temperaturbereich zwischen 20 °C und 80 °C, der bei Bedarf leicht durch die Wahl eines anderen Thermofluids erweitert werden könnte.

Das Inertisieren des Autoklaven erfolgt durch Anlegen eines ölfreien Hochvakuums, das von einer Turbomolekularpumpe erzeugt wird, die wiederum mit einer Drehschieberpumpe zur Erzeugung des Vorvakuums verbunden ist. Der im Autoklaven erreichbare Enddruck liegt bei $< 10^{-6}$ mbar bei einer Leckrate $< 10^{-8}$ mbar l s^{-1}, bestimmt durch He-Lecksuche mit dem Gerät UL 100 der Firma Leybold-Heraeus.

Eine gute Inertisierbarkeit wird durch glatte Edelstahloberflächen im Autoklaveninnenraum erreicht, gleichzeitig sind diese Oberflächen beständig gegen Aluminiumalkyle, welche häufig als Cokatalysator oder Scavenger eingesetzt werden.

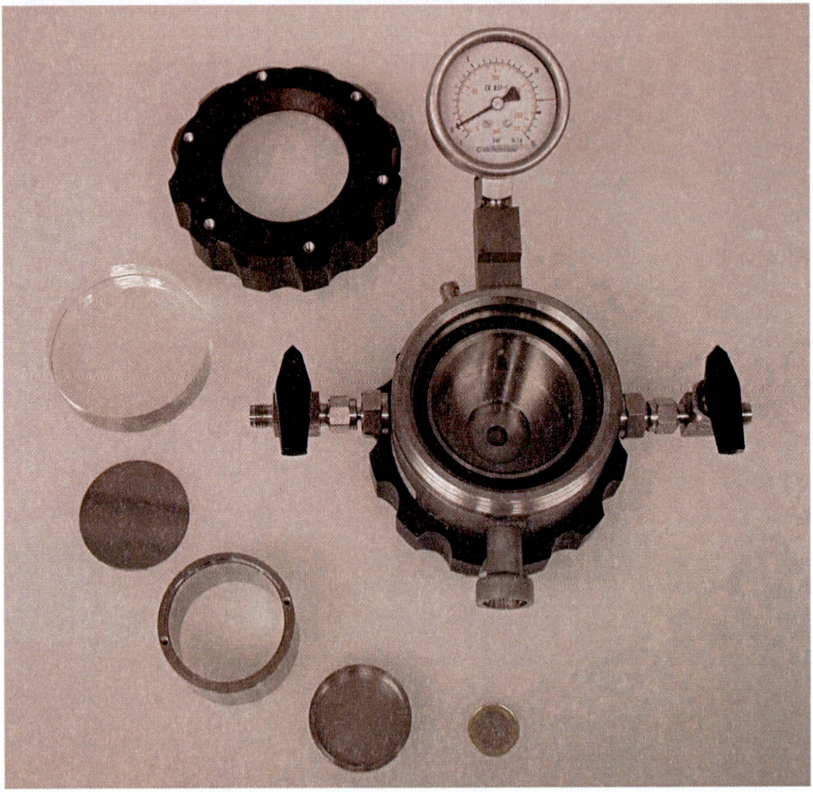

Abb. 4-2: Fensterautoklav im geöffneten Zustand.

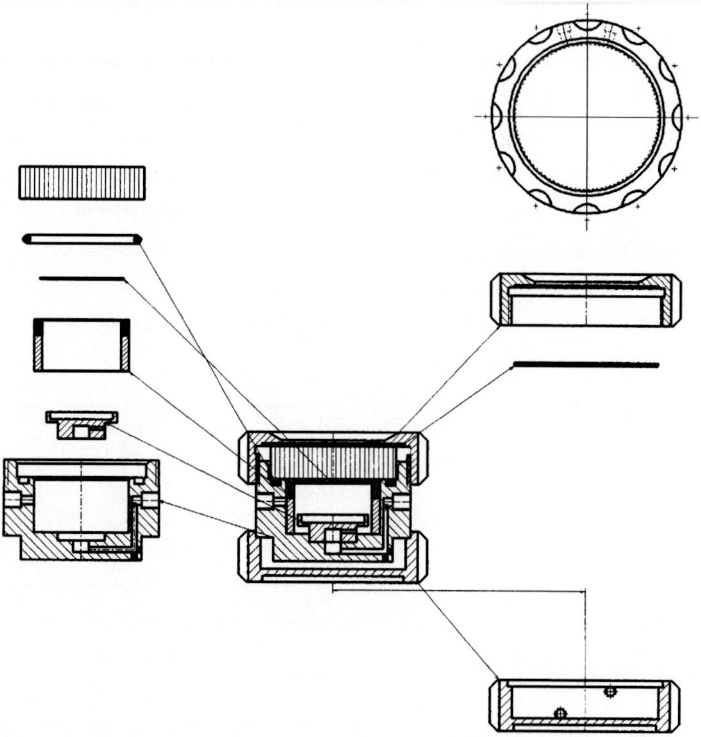

Abb. 4-3: Zeichnung des Fensterautoklaven.

Als Monomergase stehen beim derzeitigen Aufbau Ethen (Messer, Güteklasse 3.5) und Propen (Messer, Güteklasse 3.5) zur Verfügung. Der Ethendruck ist über ein Reduzierventil zwischen 0-10 bar regulierbar, Propen wird unreduziert mit dem Flaschendruck von ca. 10 bar bei 20 °C verwendet. Zur Reinigung und Trocknung werden die Monomergase jeweils durch einen mit $NaAl(Et)_4$ gefüllten 500 ml Autoklaven geleitet. Die aufbereiteten Monomergase werden über eine dünne Kapillare zum Fensterautoklaven geleitet. Alle Leitungswege sind möglichst kurz gehalten und mittels Swagelok-Verschraubungen und Teflon gedichteten Kugelhähnen sowohl druckfest wie auch vakuumdicht ausgeführt.

Zur Partikelbeobachtung dient ein speziell für diese Zwecke umgebautes Stereomikroskop MS5 der Firma Leica. Die Optik besteht aus einem Planapo-Frontobjektiv, einem 5-Stufen-Wechsler (0.63-4.0 x) sowie einer C-Mount Kamerahalterung und einem Spezialadapter zur Montage der Consumer-CCD-Kamera Nikon Coolpix 990 auf den C-Mount Port des Mikroskops. Durch eine Verschiebeeinheit kann das Frontobjektiv mittig unter den Kamera-Strahlengang geschwenkt werden. Die gewählte Mikroskopoptik bietet einen hinreichend großen Arbeitsabstand bei Verwendung aller 5 Vergrößerungsstufen um Objekte auf der Edelstahlscheibe im Autoklaven durch das druckfeste Fenster zu fokussieren. Bei der Motorzoom-Einstellung 23.4 mm der CCD-Kamera ergeben sich die in Tabelle 4.1 gelisteten Größen für ein 2048x1536 Pixel umfassendes Digitalbild:

Zoomeinstellung am Mikroskop	Pixelgröße [µm]	Bildbreite [mm]	Bildhöhe [mm]
0.63 x	7.56	15.5	11.6
1.0 x	4.83	9.9	7.4
1.6 x	2.93	6.0	4.5
2.5 x	1.78	3.6	2.7
4.0 x	1.12	2.3	1.7

Tab. 4-1: Kalibrationstabelle mit Vergrößerungsfaktoren.

Als Lichtquelle dient ein diffuses Ringlicht mit hochfrequenzgetakteter flimmerfreier Leuchtstoffröhre (10 W, Farbtemperatur ca. 5600 K). Auf dem Stativ des Mikroskops ist ein Kreuztisch mit Mikrometerschraubenantrieb montiert. Auf diesem Kreuztisch wird der Fensterautoklav mit einer Klemmschraube fixiert und kann so präzise unter dem Mikroskop bewegt werden, um eine geeignetes Beobachtungsfeld aufzusuchen.

Zur Beladung des Autoklaven wird dieser mit unter geringen Überdruck stehenden Argon befüllt und von der Gasversorgung und der Thermofluidschleife getrennt. Die mit Wasser als Thermofluid gefüllte Kammer wird entleert und um Wasserreste zu entfernen im warmen Zustand mehrfach mit Aceton gespült und evakuiert, bevor der Autoklav in die Glovebox eingeschleust werden kann. Hier erfolgt die Reaktorbeladung vorzugsweise unter hochreinen Bedingungen (O_2 < 1 ppm, H_2O < 1 ppm), um eine Katalysatordesaktivierung zu verhindern. Auf den Teller in der unteren Kammer kann ein trägerfixiertes oder flüssiges Aluminiumalkyl als Scavenger gegeben werden. Eine entsprechende Menge Katalysator kann ebenfalls als Scavenger wirken, zusätzlich erhöht sich in diesem Fall der Monomergasstrom. Damit wird eine mögliche Verunreinigung des Monomergases in den Zuleitungen durch eine geringere Verweilzeit im Bereich der Leitungswege minimiert. Auf die polierte Edelstahlplatte werden Katalysatorkörner so aufgestreut, dass sie möglichst vereinzelt liegen. Hierzu kann bei gut rieselfähigen Katalysatorsystemen ein vorsichtiges Streuen von der Spatelspitze genügen. Sofern erforderlich, kann ein einem Salzstreuer ähnlicher Vorsatz auf den Normschliff des Katalysatorgefäßes aufgesetzt werden. Nach Schließen des Deckels kann der beladene Autoklav ausgeschleust und an die Monomergasversorgung angeschlossen werden.

Zum Einstellen der Reaktionstemperatur wird der Autoklav an den vortemperierten Thermostatenkreislauf angeschlossen. Die bei der Trennung des Gasanschlusses luftexponierten Leitungen werden evakuiert und ausgeheizt. Parallel kann eine zur videomikroskopischen Beobachtung besonders geeignete Stelle der Katalysatorprobe mittels Kreuztisch gesucht und nach Auswahl einer geeigneten Vergrößerungsstufe fokussiert werden. Nach Start der Bildaufnahme in vordefinierten Intervallen kann die Polymerisation durch Aufpressen des gewünschten Monomergasdruckes auf den Autoklaven gestartet werden. Dabei ist es möglich, die Argonatmosphäre beizubehalten oder den Autoklaven zuvor zu evakuieren. Um die Reaktion abzubrechen wird der Autoklav entspannt und die Bildaufnahme beendet.

Die so aufgezeichneten Bildsequenzen erlaubt eine direkte Evaluierung des Reaktionsvorganges noch während der Polymerisationsphase. So kann die technisch außerordentlich bedeutsame Replizierung der Katalysatormorphologie durch das wachsende Polymerkorn *in situ* verfolgt werden. Individuelles Verhalten wie ein verzögertes "Anspringen" oder eine signifikant differierende Aktivität verschiedener Einzelkörner können qualitativ eingeschätzt werden. Häufig kann auch die Farbintensität einzelner Partikel als farbmetrisches Maß für die Konzentration der zumeist im sichtbaren Lichtfrequenzbereich intensiv absorbierenden Metallocen Komplexe dienen.

Mit Hilfe der digitalen Bildverarbeitung lassen sich aus den gewonnen Bilddaten quantitative kinetische Informationen über das Wachstumsverhalten einzelner

Polymerkörner gewinnen. Zunächst wird die Projektionsfläche der einzelnen Partikel in jeder Aufnahme bestimmt. Hierzu wird, um nicht gänzlich zu vermeidende chromatische Aberrationseffekte zu minimieren, nur ein Farbauszug des RGB-Bilds, z. B. der Grünkanal, herangezogen. Der Grünkanal wurde hier zum Einen gewählt, weil er das intensitätsstärkste Signal liefert, zum Anderen wegen seiner Lage in der Mitte des Lichtfrequenzbereiches. Das so gewonnene Graustufenbild wird durch Setzung eines geeigneten Schwellenwerts, welcher einmalig für die ganze Bildserie manuell zu wählen ist, binarisiert. Nun können die Polymerpartikel automatisiert detektiert und ihre Projektionsfläche in den Einzelbildern bestimmt werden. Um zu sinnvollen Ergebnissen zu gelangen, ist es hierbei notwendig, bestimmte Grenzwerte bzw. Grundannahmen festzulegen: So kann eine untere Ausschlussgröße definiert werden, um einzelne Störpixel nicht als separate Partikel zu detektieren. Vermeintliche Löcher innerhalb von Partikeln werden zur Partikelprojektionsflächenermittlung mit herangezogen. Ferner ist es möglich, aneinandergrenzende bzw. sich geringfügig überlagernde Partikel unter der Annahme einer möglichst kreisähnlichen Projektionsfläche zu trennen. Zu diesem Zweck wird zunächst invertiert und ein Distanzbild berechnet. Aus dem entstehenden Bild werden mit Hilfe eines sogenannten Wasserscheiden-Algorithmus der Verlauf der Wasserscheidelinien berechnet. Sie stellen die Trennungslinien zwischen den einzelnen Partikeln dar. Jede Trennungslinie wird mindestens mit zwei Pixeln Breite wiedergegeben. Diese Trennungslinien werden nun über eine arithmetisch logische Funktion in das Binärbild eingezeichnet, welches im Weiteren zur Auswertung herangezogen wird. Ferner hat es sich in der Praxis bewährt, bestimmte Bereiche des Einzelbildes bzw. der Bildserie auszuwählen (ROI, *Region Of Interest*) und nur diese für eine Auswertung zu verwenden.

Auf diese Weise können durch sukzessive Verarbeitung der aufgenommenen Bildserie Kurven der Partikelprojektionsfläche in Abhängigkeit von der Polymerisationszeit gewonnenen werden. Unter der Annahme einer idealen Kugel mit der jeweils ermittelten Projektionsfläche als Partikelgestalt lässt sich ebenfalls der Partikelradius (*Equivalent Circle Diameter*, ECD) oder das Partikelvolumen (*Equivalent Sphere Volume*, ESV) als Funktion der Polymerisationszeit darstellen.

Eine sinnvolle Weiterverarbeitung dieser Daten stellt die Normierung der Partikelgröße auf die Ausgangsgröße des Katalysatorkorns dar. Diese Art der Auftragung erlaubt einen guten Vergleich des Aktivitätsverlaufes zwischen Einzelkörnern unterschiedlicher Ausgangsgröße.

Um eine der Aktivität bzw. dem Monomerverbrauch direkt proportionale Größe zu erhalten, ist es möglich, die erste Ableitung des Partikelvolumens nach der Zeit (Volumenzunahme) aufzutragen. Unter der Annahme einer konstanten Dichte und einer konstanten Porosität, welche allerdings gerade in frühen Stadien der Polymerisation nur größenordnungsmäßig gelten, lässt sich so auch ein Umsatz und mit bekannten Katalysatorkenngrößen eine Aktivität berechnen.

4.2 *In situ* Videomikroskopie: Untersuchung von MK 1

4.2.1 *In situ* videomikroskopische Untersuchung

Als erstes Katalysatorsystem wurde das für die industrielle Gasphasensynthese von Polypropen optimierte Katalysatorsystem MK 1, welches bereits in Kapitel 3.1 näher charakterisiert wurde, mit Hilfe der *in situ* Videomikroskopie untersucht. Mit einer engen Partikelgrößenverteilung zwischen 50 µm und 100 µm Durchmesser bei weitestgehend sphärischer Partikelform, sowie einer mittels SEM / EDX ermittelten sehr homogenen Verteilung der katalytisch aktiven Komponenten über das gesamte Partikelvolumen ist das untersuchte System für eine erste Abschätzung der Möglichkeiten und Grenzen, welche die videomikroskopische Untersuchung der Gasphasenpolymerisation bietet, gut geeignet. Die hohe Einheitlichkeit aller Katalysatorpartikel sollte ein sehr ähnliches Wachstumsverhalten aller Einzelpartikel bedingen.

Es wurde bei 40 °C und 10 bar Propendruck für eine Stunde polymerisiert und dabei wenige Partikel in hoher Vergrößerung untersucht. Abbildung 4-4 zeigt einzelne Aufnahmen aus der während der Polymerisation aufgenommenen Bildserie von gut 180 Mikrographien. Die lichtmikroskopische Aufnahme des Ausgangszustandes des Katalysatorsystems lässt erkennen, dass alle Partikel gleichmäßig orange gefärbt sind. Mit der Zusatzinformation, dass diese Färbung durch das polymerisationsaktive Metallocen hervorgerufen wird, lässt sich so die bereits durch SEM / EDX-Untersuchungen dokumentierte homogene Verteilung der Aktivkomponente I gut bestätigen. Bereits nach wenigen Sekunden zeigen alle Partikel eine leichte Änderung der Farbe und Transparenz. Dieser Effekt wird durch das sich bildende Polymer auf der Katalysatoroberfläche und im Inneren der für das Monomer zugänglichen Kavitäten des Katalysatorsystems hervorgerufen. Die bisher gasgefüllten Kavitäten füllen sich mit Polymer. Da der Brechungsindex des Polymers als Feststoff deutlich näher am Brechungsindex des Trägermaterials liegt als der Brechungsindex der Gasphase, ändert sich dabei die Transparenz der Partikel. Die an der Grenzfläche zwischen Trägermaterial und Gasphase winkelabhängig auftretende Totalreflexion, welche für die Undurchsichtigkeit des Katalysatorsystems verantwortlich ist, wird durch die veränderten Verhältnisse an der Phasengrenze zwischen Trägermaterial und Polymer zurückgedrängt.

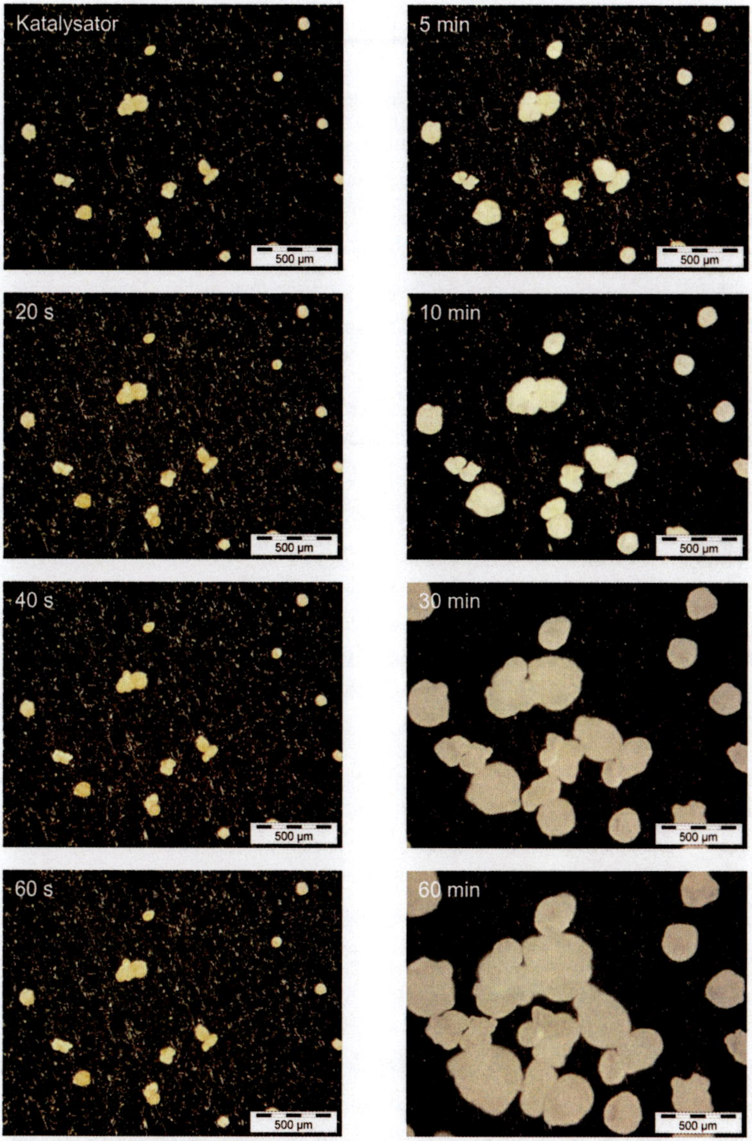

Abb. 4-4: Kontrastoptimierte Mikrographien polymerisierender Katalysatorpartikel des Katalysatorsystems MK 1 während der Propenpolymerisation. *Polymerisationsbedingungen: T = 40 °C, 10 bar Propendruck*

Die Transparenz der Partikel nimmt zunächst leicht zu und nähert sich im Verlauf der Partikelexpansion kontinuierlich der Transparenz und Eigenfarbe der reinen Polymerphase. Jedoch ist auch bei vergleichsweise hohen Polymerisationsumsätzen und selbst nach Abbruch der Polymerisation häufig noch die Eigenfarbe des Katalysators erkennbar. Diese Färbung verschwindet erst nach längerem Luftkontakt, zum Teil erst nach einigen Tagen, durch eine Zersetzung der Aktivkomponenten im Kontakt mit der Umgebungsluft. In den weiteren Mikrographien erkennt man das kontinuierliche Anwachsen aller beobachteten Einzelpartikel unter Replikation der Trägermorphologie über den Beobachtungszeitraum von 60 Minuten. Die Ausgangsbilder wurden kontrastoptimiert, da sich bei einem deutlichen Anwachsen der Einzelpartikel die Kontrastverhältnisse zwischen dem Startbild und dem Endpunkt der Polymerisation stark verändern: Anfangs sind die Katalysatorpartikel als helle Bildbereiche vergleichsweise klein und der größte Teil des Bildes zeigt den dunklen Hintergrund. Gegen Ende der Polymerisation nehmen jedoch die hellen Polymerpartikel einen erheblichen Anteil der Bildfläche ein. Als Folge müsste für eine optimal belichtete Aufnahme die Belichtungszeit verkürzt werden. Dieses ist jedoch mit den Autobelichtungsfunktion der Kamera nur in recht groben Schritten möglich. Ein abrupter Wechsel der Kontrastverhältnisse innerhalb einer Bildserie wäre bei einer Änderung der Belichtungszeit die Folge. Deshalb hat es sich als vorteilhaft erwiesen die Belichtungszeit während der kompletten Polymerisation konstant zu belassen und die Aufnahmen einer nachträglichen Kontrastbearbeitung zu unterziehen. Dabei lässt sich auch eine eventuelle Unterbelichtung noch ausgleichen.

Aus der aufgenommenen Bildserie kann die Partikelexpansion quantitativ bestimmt werden. Hierzu wird eine auf Windows®-basierte Bildverarbeitung mit der Software analySIS Pro® eingesetzt. Zur quantitativen Ermittlung der Partikelprojektionsfläche wurde folgendes Verfahren erarbeitet. Vom Ausgangsbild (Abbildung 4-5 a) wird zunächst ein Farbauszug des grünen RGB-Kanals angefertigt. Dieses Graustufenbild wird kontrastoptimiert indem die belegten Kanäle linear auf 8 Bit Dynamik gespreizt werden (Abbildung 4-5 b). Die Graustufenbilder werden unter Verwendung eines konstanten, manuell zu ermittelnden Schwellenwertes binarisiert (Abbildung 4-5 c). Die Partikelerkennung erfolgt dann schließlich im Binärbild. Zum Trennen von sich berührenden Partikeln wurde ein Partikeltrennfilter eingesetzt. Seine Funktion beruht auf der Annahme, dass alle Objekte eine runde Gestalt haben. Die Filterfunktion erkennt diese einzelnen runden Objekte und fügt mit Hilfe eines „Wasserscheidealgorithmus" eine Trennlinie zwischen sich berührende Objekte ein (Abbildung 4-5 d).

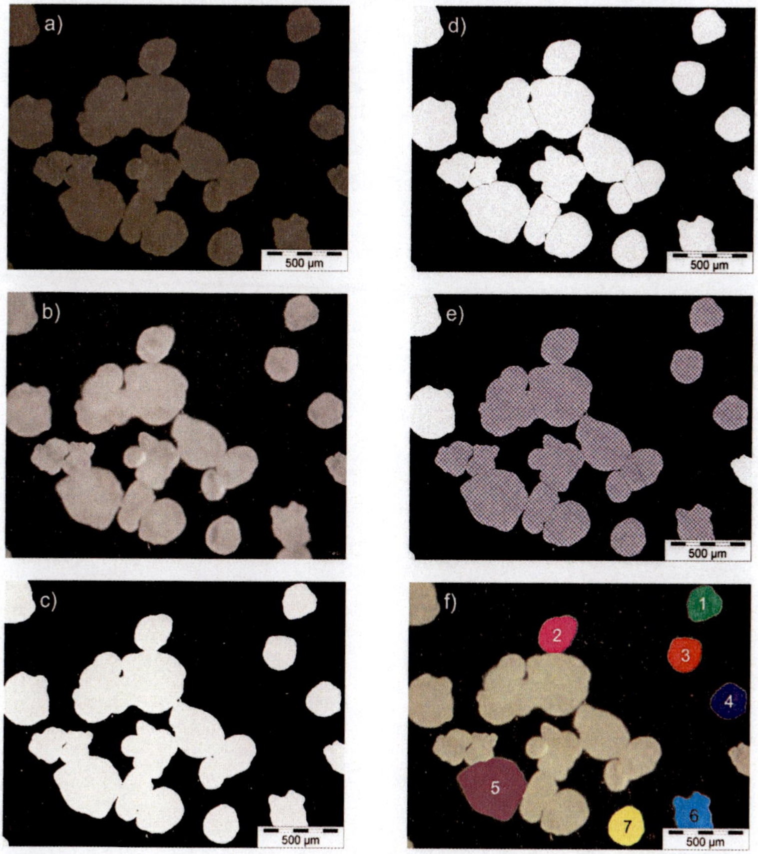

Abb. 4-5: Anhand des nach 60 Minuten aufgenommenen Bildes aus Abbildung 4-4 sind wichtige Bildbearbeitungsschritte dargestellt: Ausgehend vom Originalbild (4-5 a) wird ein kontrastoptimierter Farbauszugerstellt (4-5 b) erstellt. Nach einer Binärisierung der Bilddaten (4-5 c) erfolgt eine Trennung sich berührender Partikel (4-5 d) und die einzelnen Partikelprojektionsflächen können ermittelt werden (4-5 e). 4-5 f zeigt die in Abb. 4-6 bis 4-8 ausgewerteten Partikel farblich markiert und durchnummeriert.

Um kleinere Bildfehler auszuschalten, wird eine untere Ausschlussgrenze (Partikel-Mindestgröße) eingeführt und das automatische Füllen von etwaigen Löchern innerhalb der Partikelprojektionsflächen eingeschaltet (Abbildung 4-5 e). Um größere Störungen, wie sich überlagernde Partikel oder unvollständig abgebildete Partikel im Randbereich des Bildes auszuschließen, kann in einem einmalig zu definierenden Overlay-Bild die Lage der auszuwertenden Partikel manuell markiert werden. Detektiert werden dann nur solche Partikel, die zumindest partiell in die zuvor markierten Flächen fallen. Eine solche manuelle Auswahl wurde in Abbildung 4-5 f) getroffen, dabei sind die in Abbildung 4-6 bis 4-8 ausgewerteten Partikel farblich markiert und nummeriert worden.

Abbildung 4-6 zeigt als Ergebnis der Bildverarbeitung eine Auftragung der Partikelprojektionsfläche gegen die Polymerisationszeit. Es zeigt sich ein kontinuierliches Anwachsen aller sieben beobachteten Partikel.

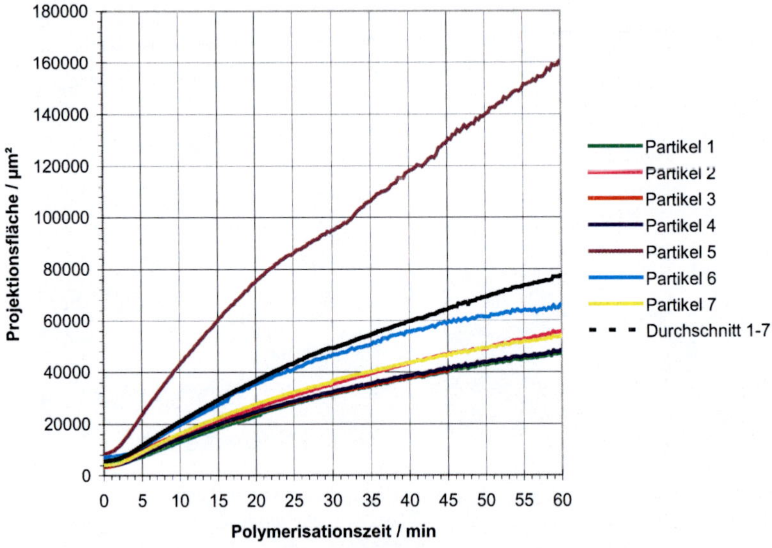

Abb. 4-6: Auftragung der Partikelprojektionsflächen gegen die Polymerisationszeit bei der Gasphasenpolymerisation. *Polymerisationsbedingungen: T = 40 °C, 10 bar Propendruck*

Obgleich die Projektionsfläche primäre Messgröße ist, lassen sich Partikelgrößen leichter erfassen, wenn der Partikeldurchmesser oder das Partikelvolumen angegeben werden. Deshalb bietet es sich an, aus der Projektionsfläche den Durchmesser eines flächengleichen Kreises (Equivalent Circle Diameter, ECD) oder das Volumen einer Kugel gleicher Projektionsfläche (Equivalent Sphere Volume, ESV) zu berechnen. Die Auftragung des ECD gegen die Polymerisationszeit ist in Abbildung 4-7 dargestellt. Man erkennt hier das Anwachsen der individuellen Partikel von einer anfänglichen Größe von 60 bis 100 µm auf 250 bis 450 µm.

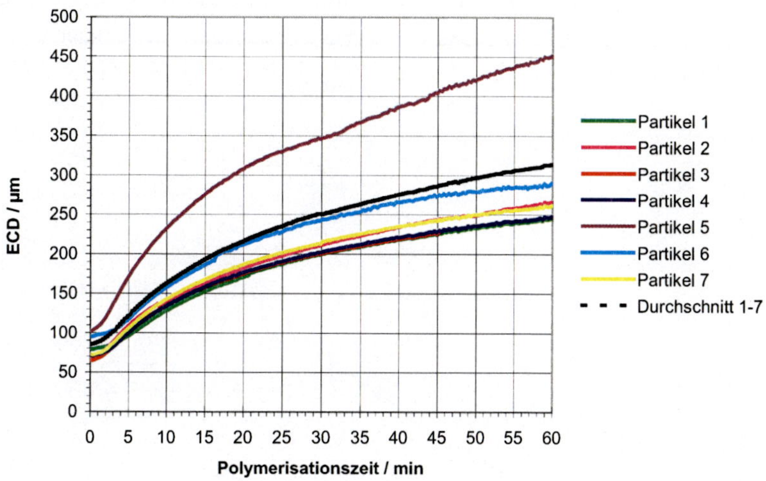

Abb. 4-7: Diagramm der Partikelexpansion (ECD vs. Polymerisationszeit). *Polymerisationsbedingungen: T = 40 °C, 10 bar Propendruck*

Abbildung 4-8 zeigt die Auftragung des ESV gegen die Polymerisationszeit. Man erkennt ein kontinuierliches Ansteigen der gebildeten Polymermenge im Verlauf der 60 Minuten Polymerisation. Der nahezu lineare Verlauf für alle Kurven zeigt, dass die Polymerbildung bei allen beobachteten Partikeln gleichförmig verläuft. Lediglich kurz nach Reaktionsstart ist eine Phase mit geringerer Steigung aller Kurven, also einer vermeintlich geringeren Polypropenproduktion, zu beobachten. Dieses Phänomen ist teilweise wohl dadurch zu erklären, dass sich zunächst die Kavitäten innerhalb der Katalysatorpartikel mit Polymer füllen, was eine messbare Partikelexpansion verzögert. Jedoch ist auch gemäss dem *polymer growth and particle expansion model* mit einer anfänglichen Phase geringerer Polymerisationsaktivität zu rechnen. Die zunächst gebildete Polymerhülle wirkt als Diffusionsbarriere für nachfolgendes Monomer. Infolge der noch nicht abgeschlossenen Fragmentierung des Trägers sind somit nur ein Bruchteil aller polymerisationsaktiven Zentren für Monomer zugänglich. Erst wenn die Fragmentierung des Trägermaterials weitgehend abgeschlossen ist wird eine gleichförmige Polymerproduktion erreicht. Bemerkenswert ist auch, dass sich im beobachteten Zeitraum von 60 Minuten kein merkliches Abklingen der Polymerisationsgeschwindigkeit zeigt. Die infolge der Partikelexpansion länger werdenden Diffusionswege und eine irreversible Desaktivierung der aktiven Zentren haben offenbar noch keinen entscheidenden Einfluss auf die Polymerisationsaktivität.

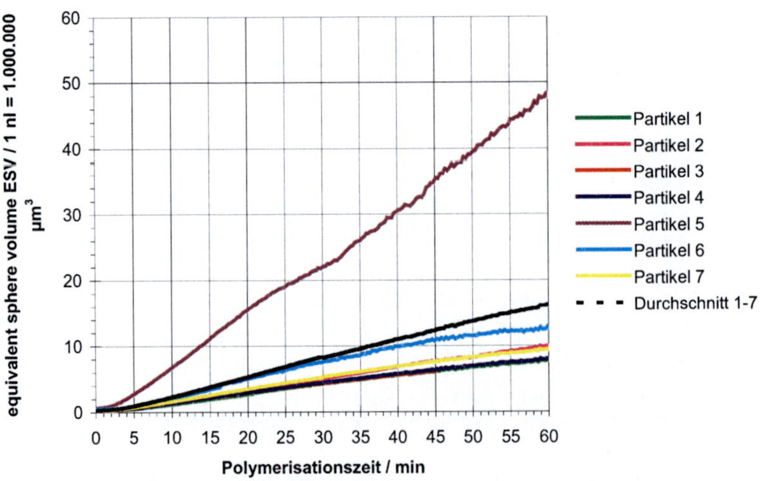

Abb. 4-8: Anstieg der Polypropenproduktion (ESV vs. Polymerisationszeit) im Verlauf der Polymerisationszeit. *Polymerisationsbedingungen: T = 40 °C, 10 bar Propendruck*

4.2.2 Elektronenmikroskopische Untersuchung

Nach dem Abbrechen der Polymerisation durch vorsichtiges Entspannen des Autosklaven ist es möglich, bestimmte Partikel – mit bekannter Einzelkorn-Kinetik – zu entnehmen und mit Hilfe der Elektronenmikroskopie näher zu untersuchen. Dieses wird hier anhand von Partikel 5 exemplarisch gezeigt. Mit Hilfe einer zuvor in blaulichthärtendes Einbettungsharz getauchten Präpariernadel können einzelne, ausgewählte Polymerkörner aus dem Autosklaven entnommen werden. Durch Vernetzen des zunächst als Haftvermittler dienenden Einbettungsharzes können die Polymerkörner fest an die Nadel geklebt werden. Abbildung 4-9 a zeigt Partikel 5 in diesem Zustand zunächst in einer lichtmikroskopischen Aufnahme. Man erkennt deutlich die Partikelgestalt aus Abbildung 4-5 f wieder. Abbildung 4-9 b und 4-9 c zeigen dieselbe Partikel im rasterelektronenmikroskopischen Bild. Zur Vermeidung von Aufladungen der Partikeloberfläche durch den abtastenden Elektronenstrahl wurde zuvor eine 10 nm dicke Goldschicht „aufgesputtert". Man erkennt hier Details der Partikeloberfläche. So sind nahezu runde Ausbeulungen der Partikeloberfläche zu erkennen. An der Grenze zwischen diesen aus der Partikeloberfläche herausgewölbten Bereichen erkennt man Furchen, in denen größere Kavitäten münden, welche ins Partikelinnere führen. Ein faserartiges Erscheinungsbild des Polymeres im Bereich dieser Furchen deutet auf das Einwirken besonders hohe Scherkräfte hin. Dieses ist so zu erklären, dass hier die Partikeloberfläche während der Partikelexpansion besonders stark gedehnt wurde. Ferner erkennt man auf der Oberfläche der herausgewölbten Bereiche einzelne, wenige Mikrometer große helle Domänen. EDX - Punktmessungen auf diesen hellen Domänen ergaben eine mit dem Katalysatorsystem identische Elementzusammensetzung. Diese hellen Domänen bildeten somit vor Beginn der Polymerisation eine zusammenhängende dünne Schicht auf der Katalysatoroberfläche, welche – vermutlich durch Verunreinigungen in der Gloveboxatmosphäre – desaktiviert wurde. Durch das an tiefer liegenden aktiven Katalysezentren gebildete Polymer wurde diese dünne Passivschicht im Verlauf der Polymerisation aufgebrochen und findet sich nun in Form kleiner Bruchstücke auf der Oberfläche der expandierten Polymerpartikel wieder.

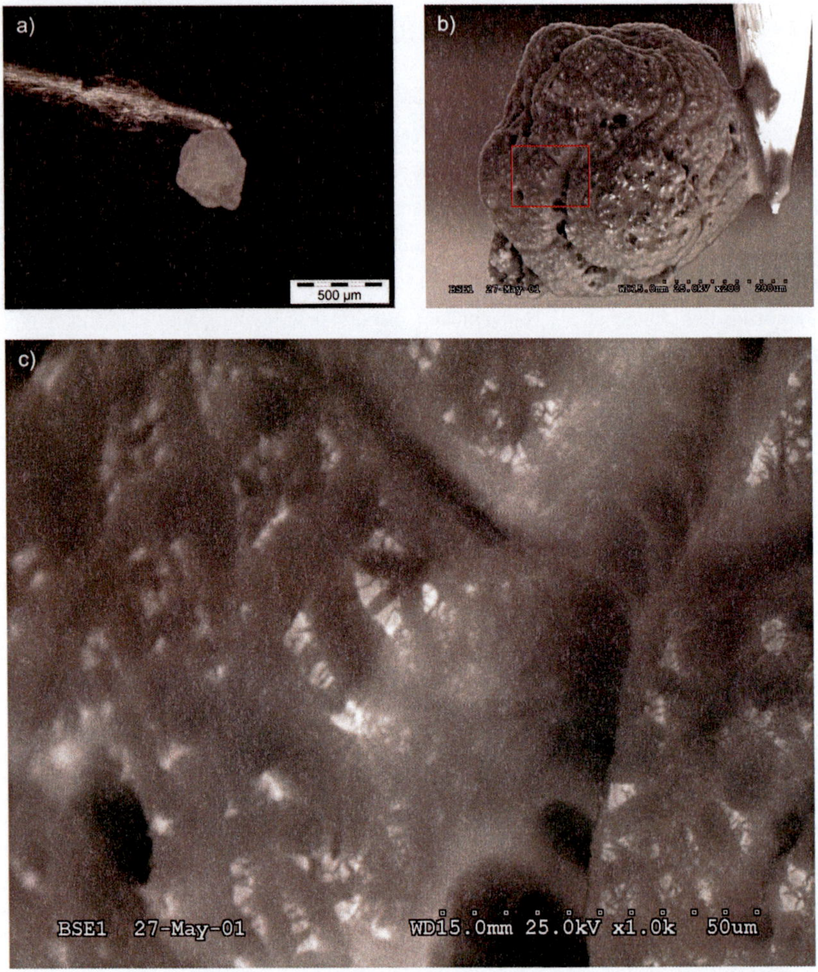

Abb. 4-9: Mikrographien von Partikel 5 nach der Polymerisation im Fensterautoklaven bei 40 °C und 10 bar Propendruck für 60 Minuten. 4-9 a zeigt eine lichtmikroskopischen Aufnahme, 4-9 b und 4-9 c sind rasterelektronenmikroskopische Aufnahmen. Der in 4-9 c vergrößerte Bildausschnitt ist in 6 b markiert.

Abbildung 4-10 zeigt wiederum Partikel 5, jetzt nach der Einbettung in eine gehärtete Harzmatrix. Es sind Blockanschnitte in vier verschiedenen Ebenen dargestellt, links im lichtmikroskopischen Bild, rechts im rasterelektronenmikroskopischen Bild. Während die Partikel in den lichtmikroskopischen Aufnahmen nur durch die "aufgesputterte" Goldschicht gut zu erkennen ist und man außer dem Partikelumriss nur wenige Details erkennt, zeigen die SEM - Mikrographien mehr Details. Man erkennt hier deutlich die aufgesputterte Goldschicht als hellen Kranz an der Partikeloberfläche. In den beiden oberen Aufnahmen ist die ehemalige Anhaftungsstelle an die Präpariernadel gut zu erkennen: Die Goldschicht umschließt hier nicht die komplette Partikel sondern setzt sich ins Einbettungsharz fort. Im Partikelinneren erkennt man das partiell mit Einbettungsharz gefüllte Porensystem in den vier verschiedenen Anschnittebenen.

Abbildung 4-11 a zeigt einen Ultradünnschnitt der eingebetteten Partikel 5 auf einer TEM - Trägerfolie im lichtmikroskopischen Bild. Der Ultradünnschnitt wurde vom in Abbildung 4-10 gezeigten Block gewonnen. 4-11 b zeigt eine TEM - Übersichtsaufnahme des Dünnschnitts. Man erkennt einen Ausschnitt der Partikel mit dunklen Fragmenten des Trägermaterials. Mit Rahmen sind die in 4-11 c und 4-11 d weiter vergrößert dargestellten Bereiche markiert. 4-11 c zeigt einen Ausschnitt aus dem Partikelvolumen, man erkennt, dass die Trägerfragmentierung bis zu den Primärpartikeln von etwa 10 nm fortgeschritten ist. Die Trägerfragmentierung ist also nach 60 Minuten Polymerisation abgeschlossen. 4-11 d zeigt einen Ausschnitt des Partikelrands. Hier erkennt man neben der aufgesputterten Goldschicht von etwa 10 nm Dicke die Passivschicht aus desaktiviertem Katalysatorsystem mit einer mittleren Dicke von etwa 50 nm. Demnach ist nur ein unbedeutender Anteil des Katalysatorvolumens von der Desaktivierung betroffen.

Dieses Beispiel zeigt, dass es mit Hilfe der *in situ* Videomikroskopie gelingt die Polymerisationskinetik individueller Einzelpartikel quantitativ zu erfassen. Sie stellt somit eine wertvolle Ergänzung zu etablierten Methoden der integralen Messung der Polymerisationsgeschwindigkeit ganzer Polymerisationsansätze dar. Neben der quantitativen Auswertung können aus dem Bildmaterial auch Informationen über die Gestalt der Katalysatorpartikel, die Morphologiereplikation während der Polymerisation und die Verteilung der Aktivkomponenten gewonnen werden.

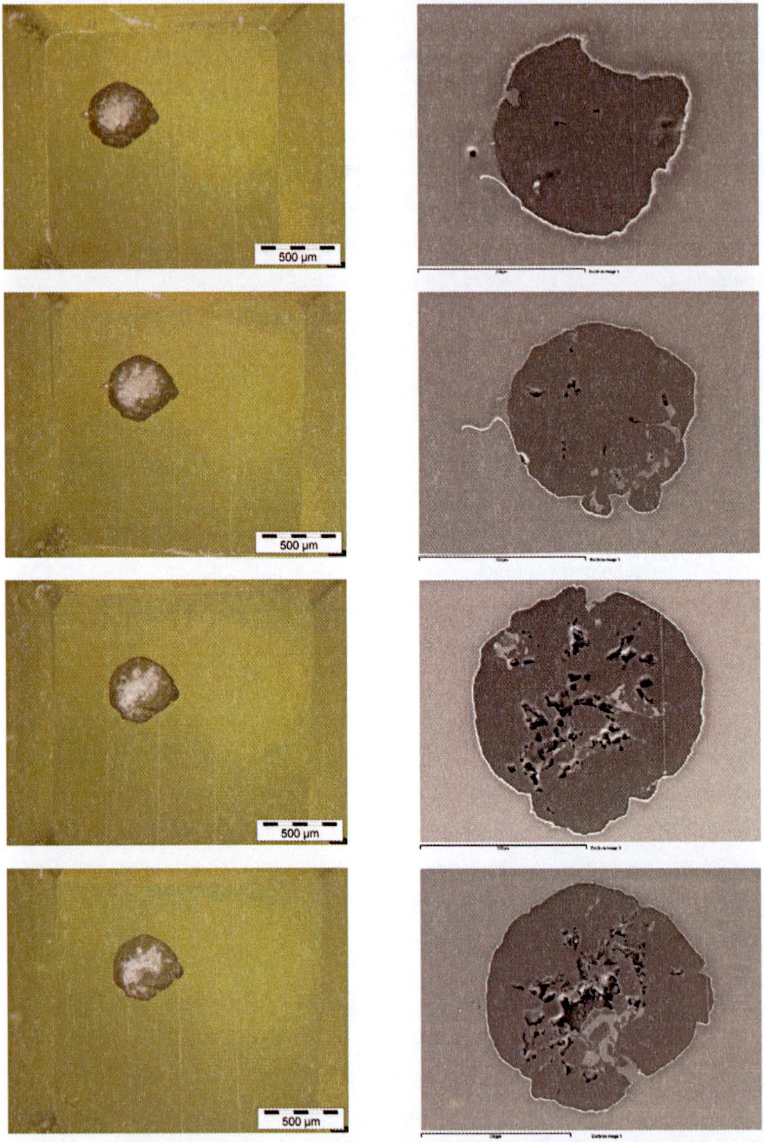

Abb. 4-10: Mikrographien von Partikel 5 nach der Einbettung in eine ausgehärtete Harzmatrix. Es sind Blockanschnitte in vier verschiedenen Ebenen dargestellt, links im lichtmikroskopischen Bild, rechts im rasterelektronenmikroskopischen Bild.

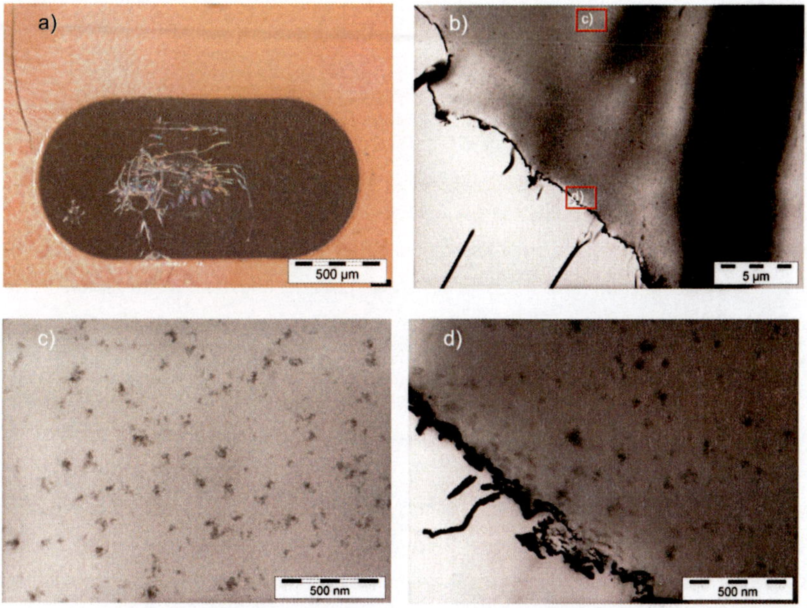

Abb. 4-11: Mikrographien von Partikel 5 nach der Polymerisation im Fensterautoklaven bei 40 °C, 10 bar Propendruck für 60 Minuten und der Einbettung in eine Harzmatrix. 6 a zeigt die lichtmikroskopischen Aufnahme eines Ultradünnschnittes auf einer TEM - Trägerfolie. 6 b zeigt eine TEM - Übersichtsaufnahme des Dünnschnitts. Mit Rahmen sind die in 4-11 c und 4-11 d weiter vergrößert dargestellten Bereiche markiert. 4-11 c zeigt einen Ausschnitt aus dem Partikelvolumen, 4-11 d zeigt einen Ausschnitt vom Partikelrand.

Darüber hinaus ist es möglich, an einzelne Partikel mit nun bekannter Individualkinetik nach Abbruch der Polymerisation eine gezielte elektronenmikroskopische Untersuchung durchzuführen. Mittels SEM können auch bei hohen Vergrößerungen Partikeloberflächendetails mit ausreichender Tiefenschärfe abgebildet werden. Durch Querschnittspräparationen geling der Einblick ins Partikelvolumen. Die Trägerfragmentierung kann bis in den Bereich der Primärpartikel mit einer Größe von wenigen Nanometern mittels TEM an Schnittpräparaten verfolgt werden. Die Röntgenspektroskopie erlaubt es die räumliche Verteilung der Katalysatorkomponenten innerhalb einzelner Partikel aufzuklären.

4.3 *In situ* Videomikroskopie: Vergleichende Untersuchung von MK 1 und MK 2

Im Gegensatz zum Katalysatorsystem MK 1, einem für die Gasphasenpolymerisation von Propen konzipierten Industriekatalysator, handelt es sich beim Katalysatorsystem MK 2 um einen für die Massepolymerisation von Propen optimierten Industriekatalysator. Die elektronenmikroskopische Untersuchung zeigte bei MK 1 eine sehr homogenen Verteilung der Aktivkomponenten auf dem Katalysatorträger (Kapitel 3.1), bei MK 2 hingegen fand sich eine inhomogene Verteilung des Cokatalysators MAO auf dem Silicaträger (Kapitel 3.3). Als Konsequenz dieser inhomogenen Verteilung der Aktivkomponenten wurde in Kapitel 3.5 ein verzögertes Polymerisationsverhalten von Partikeln mit niedrigerer MAO-Beladung in der Massepolymerisation beobachtet. Obgleich beide Katalysatoren von identischem Grundtypus sind, auf sprühgetrocknetem Fällungskieselgel trägerfixierte Zirkonocen / MAO / SiO_2 - Katalysatorsysteme, kamen zwei verschiedenartig substituierte Dimethylsilylbis(indenyl)zirkonocendichloride als Aktivkomponente zum Einsatz. Hier wird nun das Polymerisationsverhalten beider Katalysatorsysteme in der Gasphasenpolymerisation mit Hilfe der *in situ* Videomikroskopie unter identischen Polymerisationsbedingungen verglichen.

In Abbildung 4-12 sind jeweils vier Einzelbilder aus der Polymerisation mit MK 1 und MK 2 bei 10 bar Propendruck und 50 °C Polymerisationstemperatur nebeneinander gezeigt. Die Bilder entstammen zwei Filmartigen Bildsequenzen von je ca. 600 Aufnahmen, welche während den Polymerisationen aufgenommen wurden. Im Fall von MK 1 besitzen alle Partikel des Katalysators, wie in der Mikrographie zu sehen ist, vor Beaufschlagung des Autoklaven mit Propen (0 min) eine einheitliche Orangefärbung. Im Fall von MK 2 hingegen variiert die Farbintensität des hier rosa gefärbten Metallocens von Partikel zu Partikel deutlich. Dieses bestätigt die im Vergleich zu MK 2 homogenere Beladung von MK 1 mit den Aktivkomponenten. Im Verlauf der Polymerisation zeigt sich erwartungsgemäß bei fast allen Partikeln eine drastische Größenexpansion, wobei sich die Gestalt des Katalysatorkorns in den wachsenden Polymerpartikeln widerspiegelt. Nach 30 Minuten Polymerisation zeigt MK 1 eine deutlich stärkere Expansion als MK 2. Im weiteren Verlauf der Polymerisation expandieren die Polymerpartikel von MK 1 jedoch nur noch geringfügig, während MK 2 auch in den zweiten 90 Minuten der Polymerisation noch eine deutliche Partikelexpansion zeigt. Jeweils vier ausgewählte

Partikel sind durch farbige Kreise hervorgehobenen. Eine quantitative Auswertung des Wachstums dieser exemplarisch ausgewählten Partikel findet sich in den farbgleichen Kurven der Diagramme in Abbildung 4-13 und Abbildung 4-14.

Abbildung 4-13 zeigt die Partikelexpansion durch Auftragungen der ECD über die Polymerisationszeit von 180 Minuten. Während bei MK 1 in den zweiten 90 Minuten kaum mehr eine Partikelexpansion sichtbar ist – die Polymerisation ist also weitgehend zum Erliegen gekommen – zeigt MK 2 einen kontinuierlicheren Anstieg der ECD über die komplette Polymerisationszeit hinweg. Es sei jedoch nochmals darauf hingewiesen, dass für MK 1 und MK 2 zwei verschiedenartig substituierte Zirkonocene verwendet wurden, was eine Vergleichbarkeit des Polymerisationsverhaltens nur bedingt zulässt.

Überschneidungen der einzelnen Kurven sind im Diagramm für MK 1 seltener als im Diagramm für MK 2. MK 1 zeigt also aufgrund der homogeneren Verteilung der Aktivkomponenten ein einheitlicheres Wachstumsverhalten der einzelnen Partikel. Bei MK 2 finden sich hingegen auch Partikel, die im gesamten Polymerisationsverlauf kaum expandieren (gelbe Markierung). Dieses widerspricht zunächst scheinbar der in Kapitel 3.5 gemachten Aussage, dass nach längerer Polymerisation in verflüssigtem Propen alle Partikel in einem fortgeschrittenen Fragmentierungsstadium vorliegen. Um den scheinbaren Widerspruch aufzulösen ist zu berücksichtigen, dass bei der Massepolymerisation den Polymerisationsansätzen Aluminiumalkyl als Scavenger zugesetzt wird, was üblicherweise auch in der (kontinuierlichen) industriellen Polyolefinproduktion geschieht. Es ist anzunehmen, dass dieses als Scavenger zugesetzte Aluminiumalkyl Katalysatorpartikel mit einer sehr niedrigen Cokatalysatorbeladung erst im Laufe der Polymerisation aktiviert, also die Aluminiumalkylverbindungen mit dem Zirkonocen zur eigentlich polymerisationsaktiven Spezies reagieren. Eine solche Aktivierung durch während der Polymerisation zugesetztes Aluminiumalkyl war in den hier durchgeführten Gasphasenpolymerisation nicht möglich.

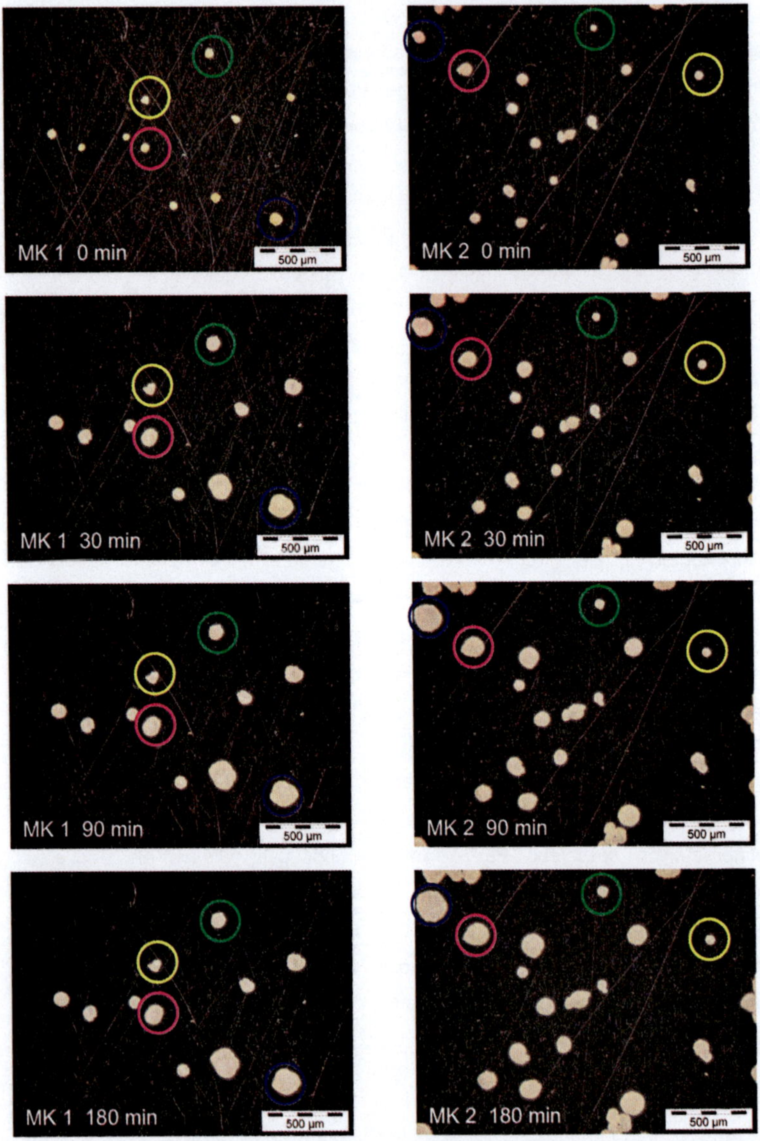

Abb. 4-12: Mikrographien polymerisierender Katalysatorpartikel der Katalysatorsysteme MK 1 und MK 2 während der Propenpolymerisation. *Polymerisationsbedingungen: T = 50 °C, 10 bar Propendruck*

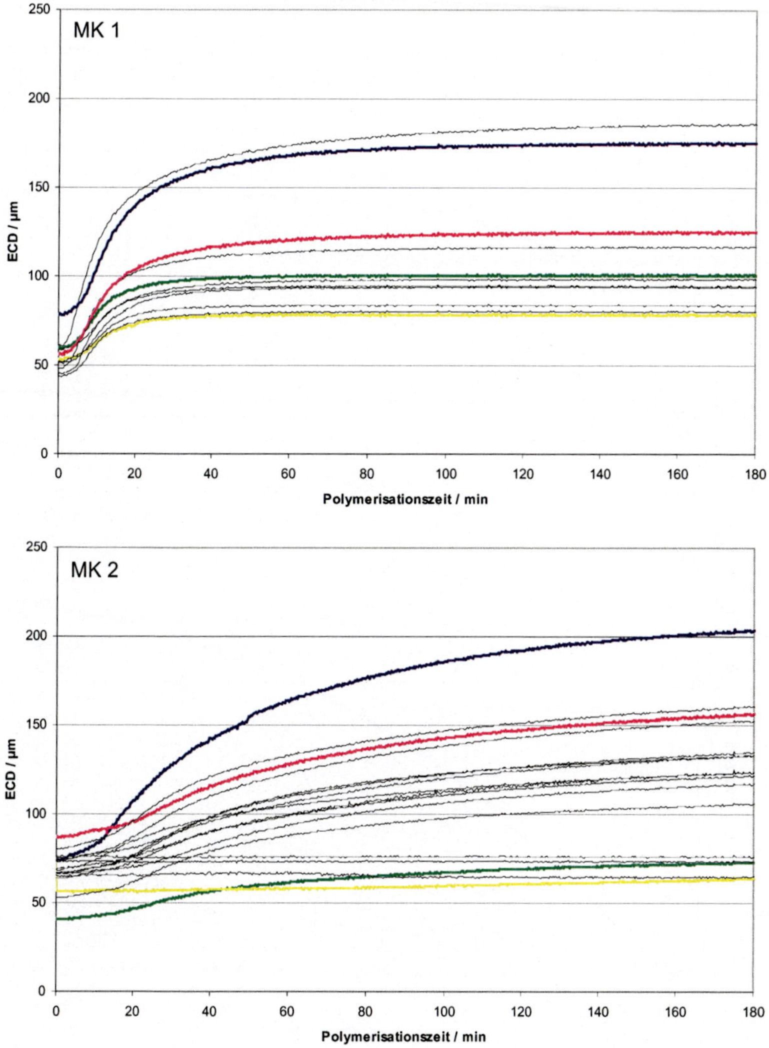

Abb. 4-13: Auftragung der Partikelexpansion der Katalysatorsysteme MK 1 und MK 2 während der Polymerisation. Die farbigen Kurven entsprechen den in Abbildung 4-12 farbgleich markierten Partikeln. *Polymerisationsbedingungen: T = 50 °C, 10 bar Propendruck*

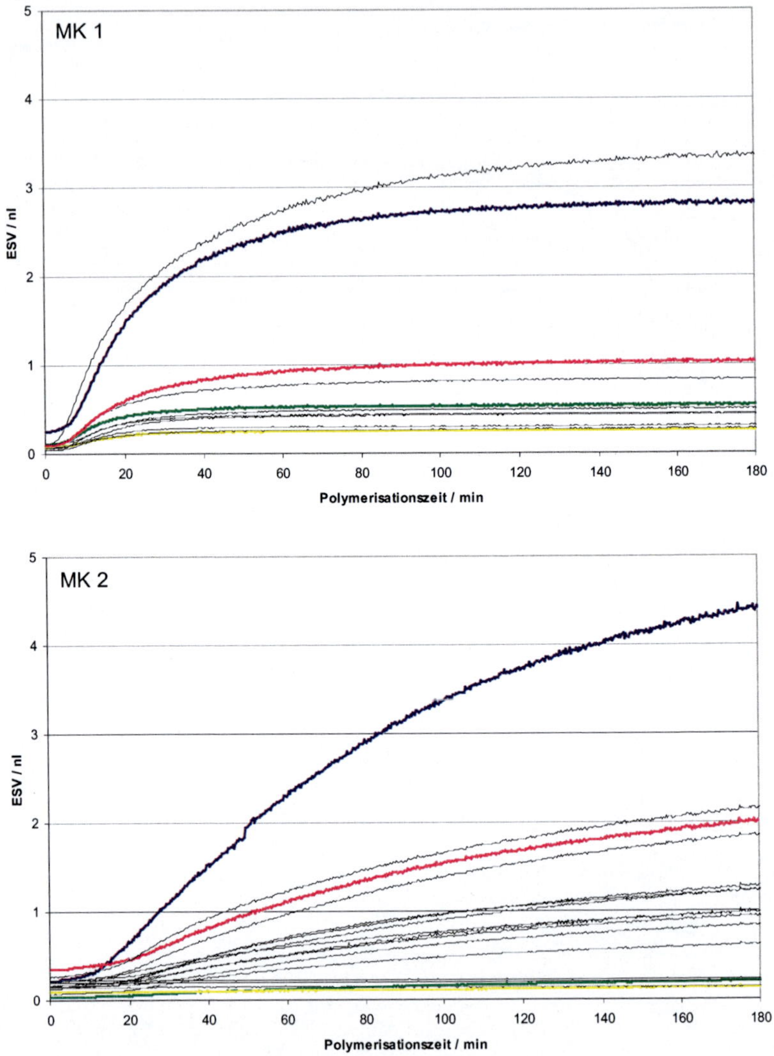

Abb. 4-14: Auftragung der Partikelvolumina über der Polymerisationszeit der Katalysatorsysteme MK 1 und MK 2. Die farbigen Kurven entsprechen den in Abbildung 4-12 farbgleich markierten Partikeln. *Polymerisationsbedingungen: T = 50 °C, 10 bar Propendruck*

Eine andere mögliche Erklärung für die niedrige Polymerisationsaktivität einzelner Partikel wäre eine partielle Desaktivierung: Es kann nicht ausgeschlossen werden, dass einzelne Partikel während der Lagerung oder dem Befüllen des Fensterautoklaven mit größeren Mengen „Katalysatorgift“ in Kontakt kamen als andere, z. B. durch mangelhaft inertisierte Oberflächen.

In Abbildung 4-14 ist die Zunahme des Produktes Polypropen (ESV) mit zunehmender Polymerisationszeit aufgetragen. Es ist der im Vergleich zu MK 2 deutlich rasantere Reaktionsstart von MK 1 sichtbar. Bereits nach 20 Minuten ist ein hoher Anstieg der Partikelvolumina – entsprechend einer großen Menge an gebildetem Polymer – ersichtlich. Dann aber sinkt die Partikelexpansionsrate relativ rasch. Bei Katalysatorsystem MK 2 hingegen tritt bei einigen Partikeln (z. B. magentafarbene Kurve) erst nach etwa 15 Minuten eine deutliche Partikelexpansion auf. Die Expansionsrate bleibt hier aber über den gesamten Beobachtungszeitraum vergleichsweise stabil.

Bereits in Kapitel 3.4 wurde die Zeit, welche bis zum Erreichen einer maximalen Polymerisationsgeschwindigkeit verstreicht – nach dem *polymer growth and particle expansion model* also der vollständigen Trägerfragmentierung –, anhand der Suspensions- und Massepolymerisation von MK 1 und MK 2 verglichen. Während in der Suspensionspolymerisation MK 2 ein schnelleres "Anspringen" zeigte, waren die Zeiten bis zum Erreichen der maximalen Polymerisationsaktivität in der Massepolymerisation in etwa gleich. In der Gasphasenpolymerisation von Propen zeigt sich ein deutlich schnelleres "Anspringen" von MK 1. Zur Deutung dieses Polymerisationsverhaltens sei erneut darauf verwiesen, dass sowohl in der Masse- als auch in der Suspensionspolymerisation, nicht aber in der Gasphasenpolymerisation weiteres Aluminiumalkyl zugesetzt wurde.

Vergleicht man den hier gezeigten Polymerisationsverlauf von MK 1 bei 50 °C und 10 bar Propendruck mit dem in Kapitel 4.2 besprochenen Polymerisationsverlauf bei 40 °C und 10 bar Propendruck, so fällt auf, dass bei geringerer Temperatur eine insgesamt höhere Partikelexpansionsrate und ein länger anhaltendes Partikelwachstum beobachtet werden kann. Bei 40 °C steigt das mittlere ESV der Partikel im Verlauf von 60 Minuten Polymerisation um den Faktor 50. Bei 50 °C steigt das mittlere ESV der

Partikel im Verlauf von 60 Minuten Polymerisation nur um den Faktor 8.9, auch nach 180 Minuten wird nur ein Faktor von 10 erreicht. Während bei 40 °C Polymerisationstemperatur auch nach 60 Minuten noch eine konstant hohe Partikelexpansion zu beobachten ist (Abbildung 4-8), zeigt sich im Falle der Polymerisation bei 50 °C bereits nach 15-20 Minuten eine deutliche Verlangsamung der Partikelexpansion.

Dieses Verhalten kann möglicherweise auf eine thermische Desaktivierung des Katalysators zurückgeführt werden. Zwar sollte bei der homogenen Katalyse der Propenpolymerisation mit dem für MK 1 verwendeten Zirkonocen eine merkliche thermische Desaktivierung erst bei deutlich höheren Temperaturen auftreten, die erhebliche Polymerisationsenthalpie für die Gasphasenpolymerisation von Propen von -104 kJ/mol[106] lässt jedoch ein deutliches Ansteigen der Temperatur im Partikelinneren im Vergleich zur Reaktortemperatur erwarten. Diese Beobachtung wird auch durch die Ergebnisse von Weickert et al.[84, 107] gestützt. Auch diese Autoren fanden bei der Gasphasenpolymerisation von Propen mit hochaktiven heterogenen Ziegler-Katalysatoren eine rapide Desaktivierung des Katalysators oberhalb einer Polymerisationstemperatur von ca. 47 °C.

4.4 *In situ* Videomikroskopie: Untersuchung von MK 5, T- und p- Abhängigkeit

In Kapitel 4.2 und 4.3 konnte die prinzipielle Eignung der *in situ* Videomikroskopie zur zeitabhängigen Analyse von Geschwindigkeiten in Polymerisationsreaktionen mit heterogenen Katalysatoren belegt werden. Im Vergleich zu etablierten integralen Methoden der Geschwindigkeitsmessung ergibt sich bei der *in situ* Videomikroskopie zusätzlich die Möglichkeit, die Größe der Katalysatorpartikel vor dem Polymerisationsstart als weiteren Parameter auszuwerten. Es kann der Einfluss der Partikelgröße auf den Verlauf der Polymerisationsgeschwindigkeit ermittelt werden. Hier werden nun in einer Reihe von Experimenten zwei weitere Parameter, die Polymerisationstemperatur und der Monomergasdruck variiert.

In Abbildung 4-15 bis Abbildung 4-20 sind die Ergebnisse einer Untersuchung der Temperatur - und Druckabhängigkeit der Propenpolymerisation mit MK 5 mit Hilfe der *in situ* Videomikroskopie dargestellt. Es wurden Gasphasenpolymerisationen bei 40 °C / 10 bar (Abb. 4-15), 50 °C / 10 bar (Abb. 4-16), 60 °C / 10 bar (Abb. 4-17), 65 °C / 10 bar (Abb. 4-18) und 60 °C / 5 bar (Abb. 4-19), 60 °C / 15 bar (Abb. 4-20) durchgeführt. Im oberen Bildteil befindet sich jeweils eine Auftragung der ECD gegen die Polymerisationszeit, welche die Partikelexpansion aufzeigt. Im unteren Bildteil befindet sich jeweils eine Auftragung der ESV gegen die Polymerisationszeit, welche den zeitlichen Verlauf der Polymerproduktion für einzelne Polymerkörner wiedergibt. Bei allen Polymerisationen zeigt sich erwartungsgemäß ein recht einheitliches Wachstumsverhalten aller Polymerpartikel. Auf eine erste Phase, in der die Geschwindigkeit der Partikelexpansion stetig zunimmt, folgt eine Phase mit vergleichsweise konstanter Expansionsgeschwindigkeit. Schließlich fällt die Expansionsgeschwindigkeit dann wieder bis auf Null ab; die Polymerproduktion kommt zum Erliegen. Bei einigen Polymerisationen finden sich jedoch auch hier Überschneidungen der Wachstumskurve einzelner Partikel, kleinere Partikel expandieren also teilweise schneller als größere Partikel, und erreichen schließlich auch eine höhere Endgröße. Dieses Phänomen tritt jedoch z. B. im Vergleich zu MK 2 recht selten auf. Als mögliche Ursachen kommen eine unterschiedliche Beladung der Einzelpartikel mit den Katalysatorkomponenten oder eine mögliche partielle Desaktivierung in Betracht.

Um die individuellen Kinetiken innerhalb der Druck- und Temperaturreihe besser vergleichen zu können, wurden aus jeder Polymerisation je zwei typische Partikelexpansionskurven herausgegriffen, eine ausgehend von einer etwa 30 µm großen Katalysatorpartikel, die zweite ausgehend von einer etwa 50 µm großen Katalysatorpartikel. Abbildung 4-21 zeigt die Auftragung der Partikelexpansion ECD versus Polymerisationszeit bei verschiedenen Polymerisationstemperaturen. In Abbildung 4-22 ist für die selben Partikel eine Auftragung der ESV gegen die Polymerisationszeit dargestellt. Innerhalb der ersten zehn Minuten erkennt man zunächst die erwartete Temperaturabhängigkeit, je höher die Temperatur liegt, um so schneller steigt der Partikeldurchmesser an. Die letztlich erreichte Partikelendgröße entspricht jedoch nicht dieser klaren Tendenz. Die höchsten Endgrößen werden bei der Polymerisation bei 60 °C erreicht, im Falle der 30 µm großen Katalysatorpartikel lautet die weitere Größenabfolge 40 °C, 50 °C, 65 °C, im Falle der 50 µm großen Katalysatorpartikel lautet die weitere Größenabfolge 65 °C, 40 °C, 50 °C.

In den Abbildungen 4-23 und 4-24 ist die Druckabhängigkeit der Gasphasenpolymerisation mit MK 3 bei 60 °C für ausgewählte Katalysatorpartikel mit 30 µm bzw. 50 µm Durchmesser wiedergegeben. Abbildungen 4-23 zeigt die Auftragung der Partikelexpansion, Abbildungen 4-24 die Auftragung der Volumenexpansion. Auch hier zeigt sich zu Beginn der Polymerisation das erwartete Bild, dass die Expansionsgeschwindigkeit der Einzelpartikel mit dem Druck, beziehungsweise der direkt proportionalen Monomergaskonzentration deutlich ansteigt. Allerdings ist die Reihenfolge der Partikelendgröße wiederum unerwartet. Die höchste Partikelendgröße wird bei nicht bei 15 bar sondern bei 10 bar erreicht, die geringste Partikelendgröße wird bei 5 bar Propendruck erreicht.

Kritisch hierzu ist anzumerken, dass die Reproduzierbarkeit der durchgeführten Experimente gering war. So ergaben sich bei der Wiederholung einzelner Experimente unter identischen Druck- und Temperaturvorgaben zum Teil erhebliche Abweichungen in der erreichten Partikelexpansion. Als Grund hierfür konnte zwischenzeitlich eine wechselnde Güte der Gloveboxatmosphäre ausfindig gemacht werden. Eine Möglichkeit diese experimentellen Limitierungen aufzuheben wäre zeitgleich mehrere Fensterautoklaven mit Katalysator zu Befüllen. Es ist jedoch anzunehmen, dass die vereinzelt liegende Katalysatorpartikel auch bei einer längeren Lagerung im Fensterautoklav merklich desaktiviert werden. Insofern erscheint es erfolgversprechender bei weiteren Reihenuntersuchungen für eine gleichbleibende Güte der Gloveboxatmosphäre zu sorgen.

Nochmals sei hier auf die extrem geringen Mengen an Katalysator auf den einzelnen Partikeln hingewiesen. So ergibt eine Überschlagsrechnung unter Annahme einer Dichte von 1 g ml^{-1} die in Tabelle 4-2 gelisteten Werte für die Partikelmasse, Zirkonium-Masse, Zirkonium-Stoffmenge und die Anzahl der Zirkoniumzentren auf einem Partikel in Abhängigkeit vom Partikeldurchmesser.

Partikel-Ø [µm]	Masse (gesamt) [g]	Masse (Zr) [g]	Stoffmenge (Zr) [mol]	Anzahl der Zr
20	4.2×10^{-6}	1.7×10^{-8}	1.8×10^{-10}	1.1×10^{14}
30	1.4×10^{-5}	5.7×10^{-8}	6.2×10^{-10}	3.7×10^{14}
50	6.5×10^{-5}	2.6×10^{-7}	2.9×10^{-9}	1.7×10^{15}
75	2.2×10^{-4}	8.8×10^{-7}	9.7×10^{-9}	5.8×10^{15}
100	5.2×10^{-4}	2.1×10^{-6}	2.3×10^{-8}	1.4×10^{16}

Tab. 4-2: Überschlagsrechnung unter Annahme einer Dichte von 1 g ml^{-1} für die Partikelmasse, Zirkonium-Masse, Zirkonium-Stoffmenge und Anzahl der Zirkoniumzentren auf einem Partikel in Abhängigkeit vom Partikeldurchmesser.

Es ist somit nicht auszuschließen, dass auch innerhalb der aufgezeigten Druck- und Temperaturreihe bei einzelnen Polymerisationen eine die Expansionsrate merklich beeinflussende Vergiftung durch die Handhabung des Katalysators unter nicht inerten Bedingungen vorlag. Somit erscheinen weitere Analysen der experimentellen Ergebnisse um Informationen über die Aktivierungsenergie der Gesamtreaktion oder die Reaktionsordnung zu sammeln hier nicht angezeigt.

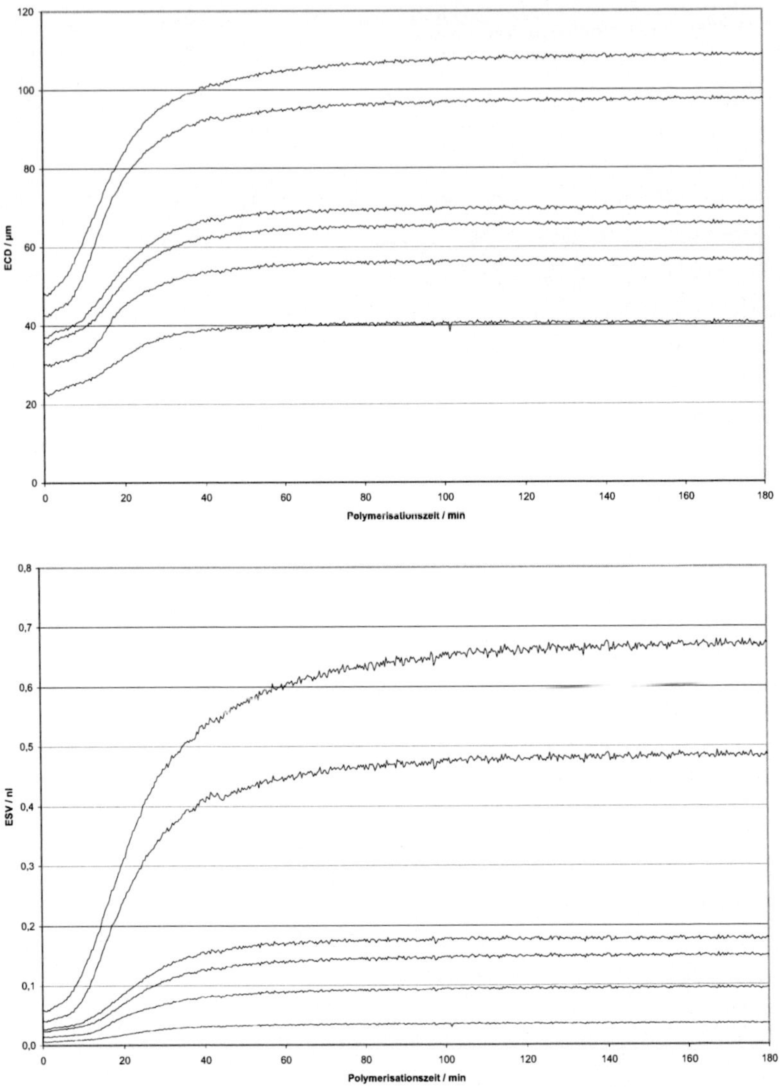

Abb. 4-15: Auswertung der *in situ* Videomikroskopie an MK 5 während der Propenpolymerisation. Oben: Auftragung ECD vs. Polymerisationszeit; Unten: Auftragung ESV vs. Polymerisationszeit. *Polymerisationsbedingungen: T = 40 °C, $p_{(Propen)}$ = 10 bar*

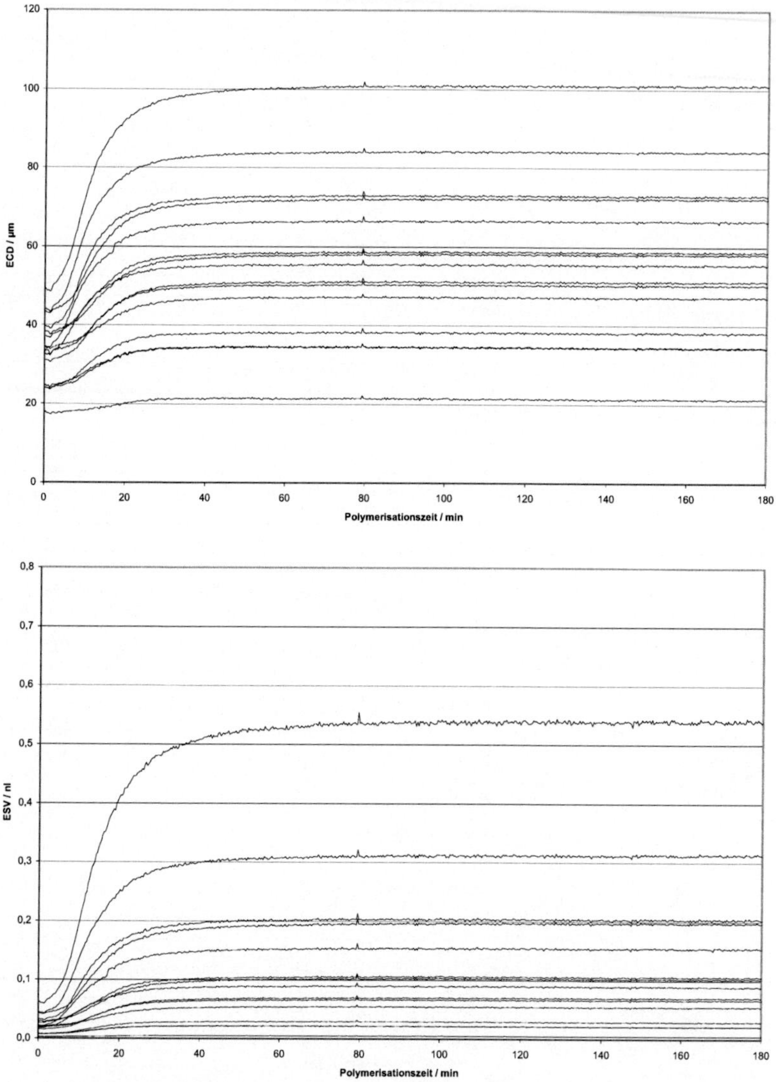

Abb. 4-16: Auswertung der *in situ* Videomikroskopie an MK 5 während der Propenpolymerisation. Oben: Auftragung ECD vs. Polymerisationszeit; Unten: Auftragung ESV vs. Polymerisationszeit. *Polymerisationsbedingungen: T = 50 °C,* $p_{(Propen)}$ *= 10 bar*

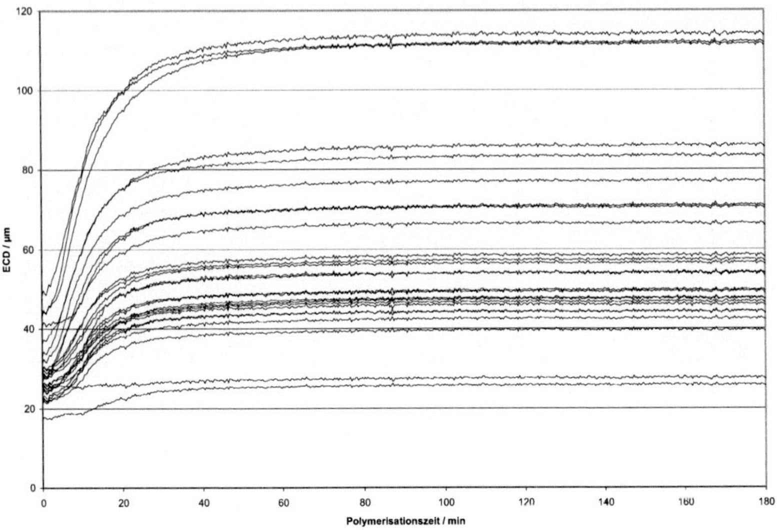

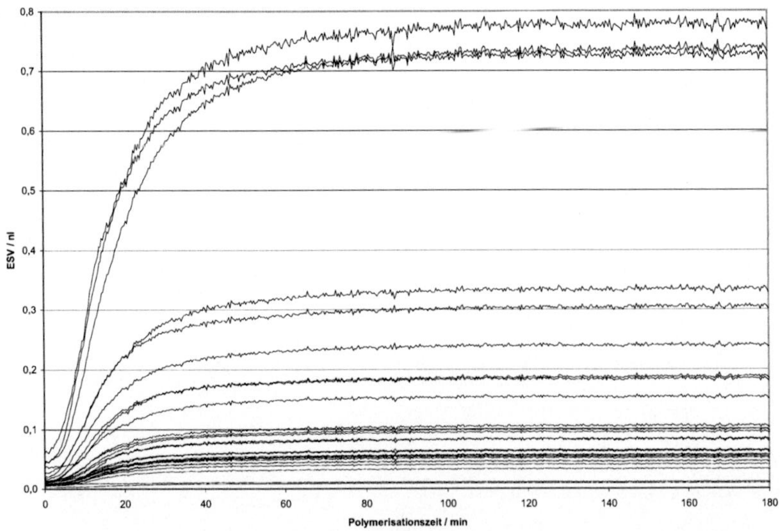

Abb. 4-17: Auswertung der *in situ* Videomikroskopie an MK 5 während der Propenpolymerisation. Oben: Auftragung ECD vs. Polymerisationszeit; Unten: Auftragung ESV vs. Polymerisationszeit. *Polymerisationsbedingungen: T = 60 °C, $p_{(Propen)}$ = 10 bar*

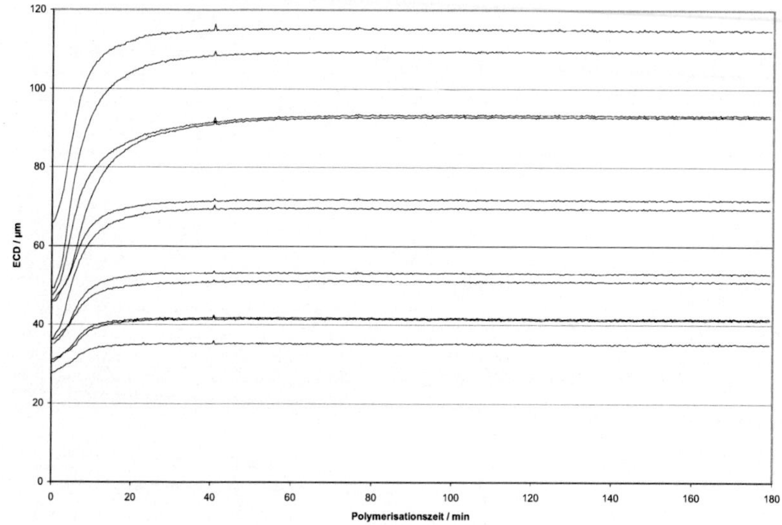

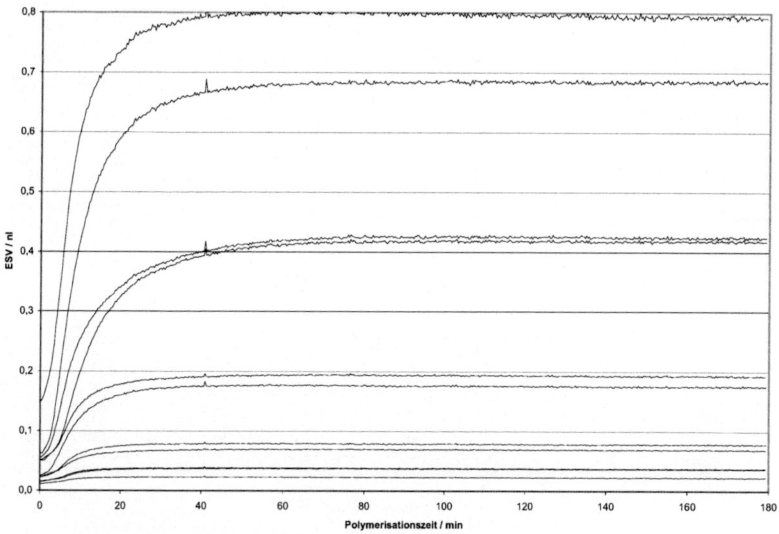

Abb. 4-18: Auswertung der *in situ* Videomikroskopie an MK 5 während der Propenpolymerisation. Oben: Auftragung ECD vs. Polymerisationszeit; Unten: Auftragung ESV vs. Polymerisationszeit. *Polymerisationsbedingungen: T = 65 °C,* $p_{(Propen)}$ *= 10 bar*

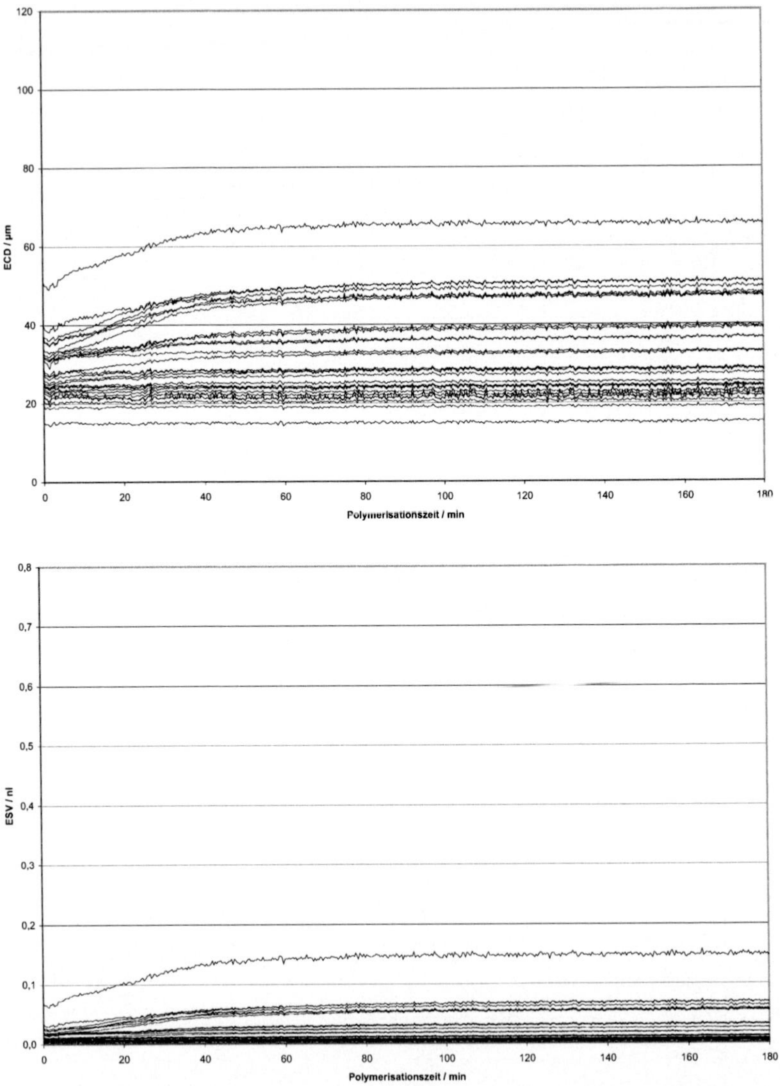

Abb. 4-19: Auswertung der *in situ* Videomikroskopie an MK 5 während der Propenpolymerisation. Oben: Auftragung ECD vs. Polymerisationszeit; Unten: Auftragung ESV vs. Polymerisationszeit. *Polymerisationsbedingungen: T = 60 °C,* $p_{(Propen)}$ *= 5 bar*

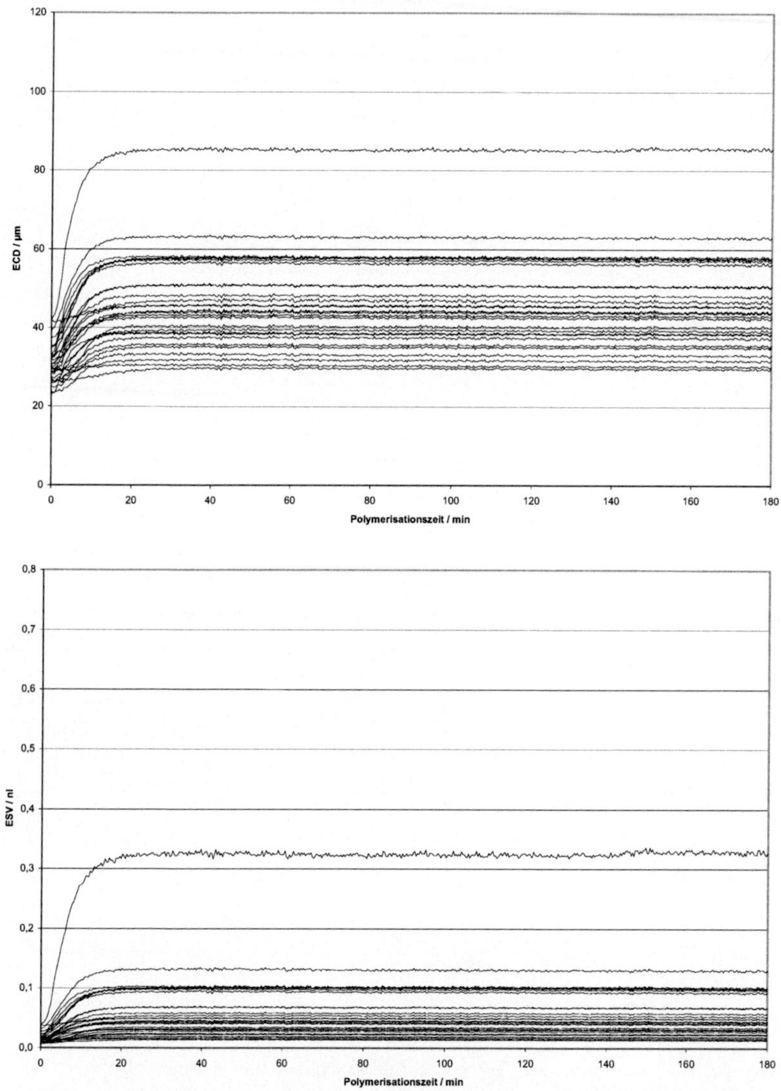

Abb. 4-20: Auswertung der *in situ* Videomikroskopie an MK 5 während der Propenpolymerisation. Oben: Auftragung ECD vs. Polymerisationszeit; Unten: Auftragung ESV vs. Polymerisationszeit. *Polymerisationsbedingungen: T = 50 °C,* $p_{(Propen)}$ *= 15 bar*

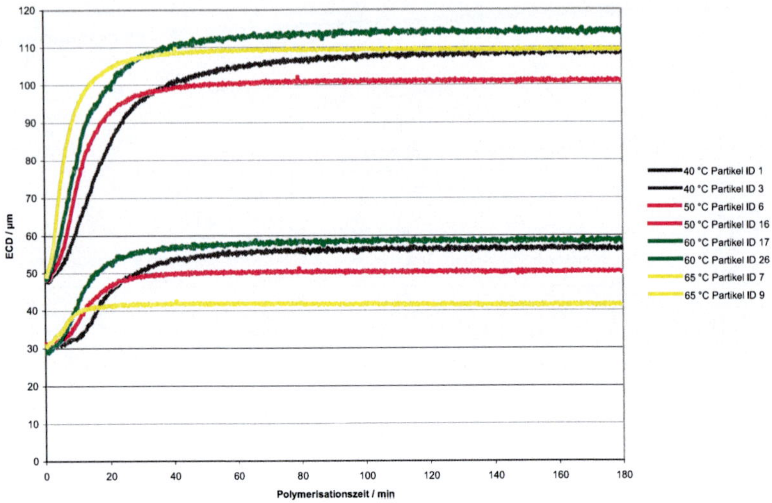

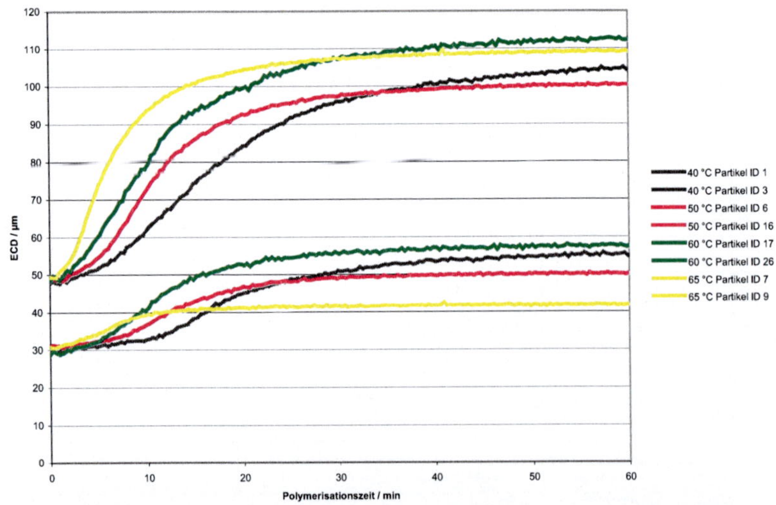

Abb. 4-21: Auswertung der Temperaturabhängigkeit der Propenpolymerisation mit MK 5 bei 10 bar Propendruck mittels *in situ* Videomikroskopie. Auftragung der ECD versus der Polymerisationszeit für je eine 30 µm und 50 µm große Katalysatorpartikel. Oben: 180 Minuten Polymerisationszeit; Unten: 60 Minuten Polymerisationszeit

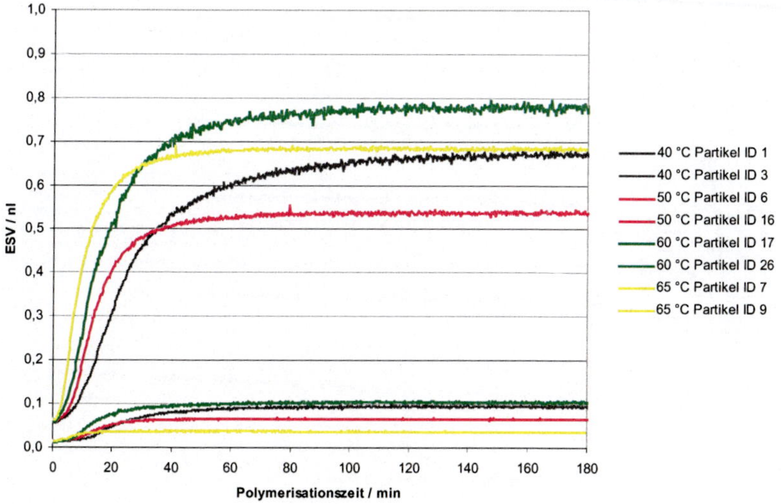

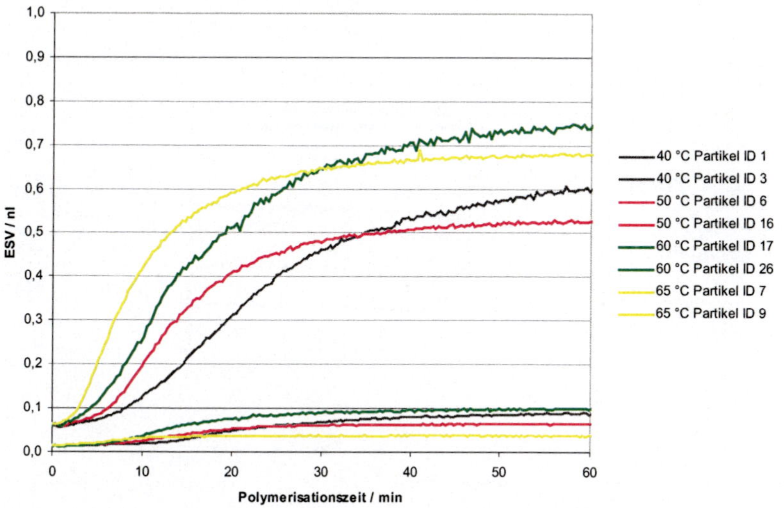

Abb. 4-22: Auswertung der Temperaturabhängigkeit der Propenpolymerisation mit MK 5 bei 10 bar Propendruck mittels *in situ* Videomikroskopie. Auftragung der ESV versus der Polymerisationszeit für je eine 30 µm und 50 µm große Katalysatorpartikel. Oben: 180 Minuten Polymerisationszeit; Unten: 60 Minuten Polymerisationszeit

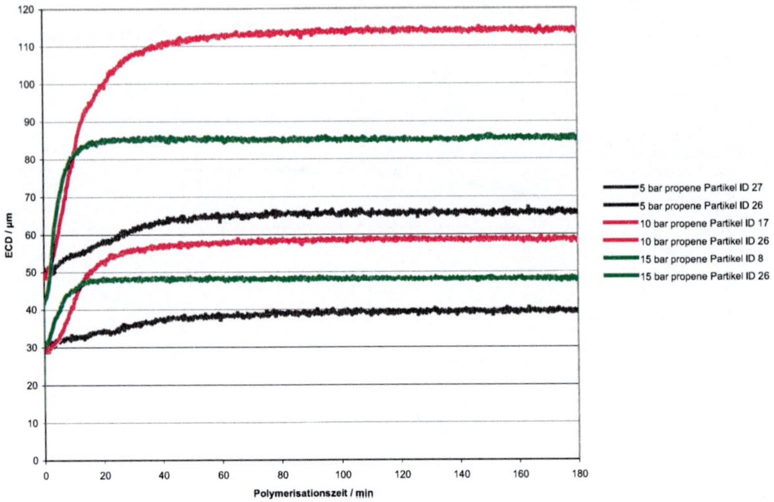

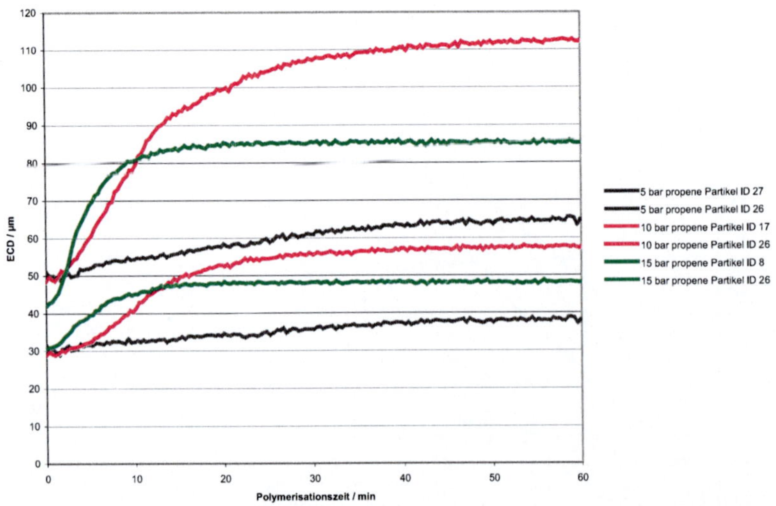

Abb. 4-23: Auswertung der Druckabhängigkeit der Propenpolymerisation mit MK 5 bei 60 °C mittels *in situ* Videomikroskopie. Auftragung der ECD versus der Polymerisationszeit für je eine 30 µm und 50 µm große Katalysatorpartikel. Oben: 180 Minuten Polymerisationszeit; Unten: 60 Minuten Polymerisationszeit

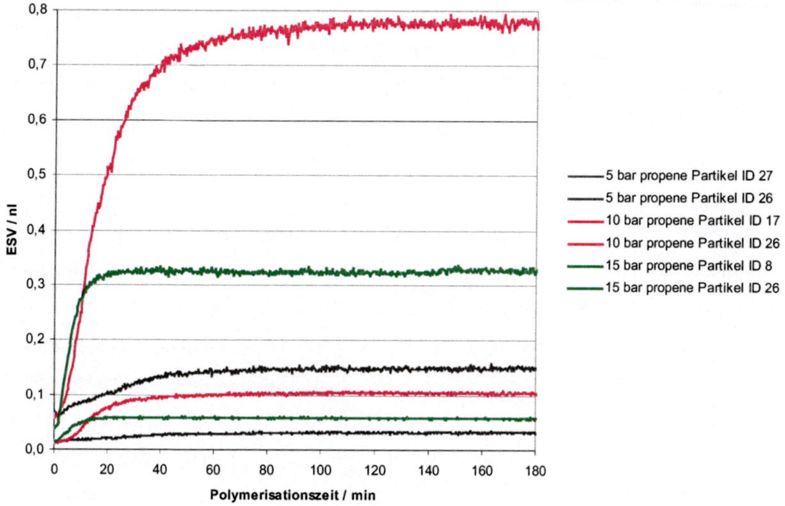

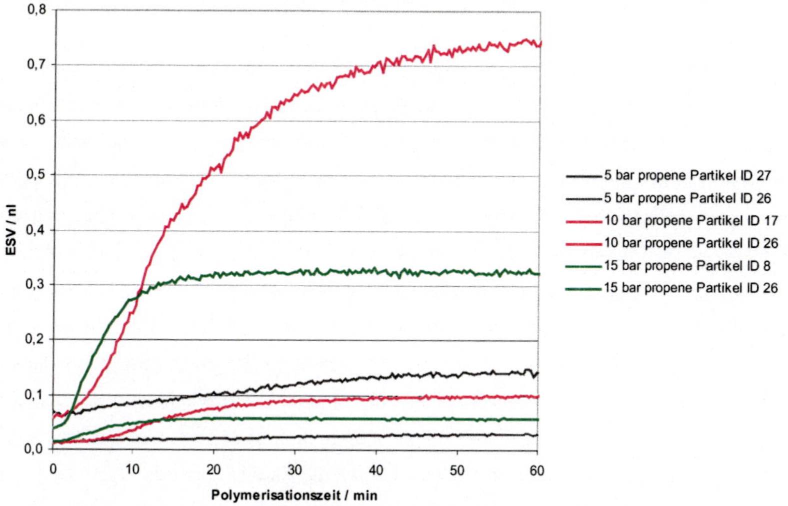

Abb. 4-24: Auswertung der Druckabhängigkeit der Propenpolymerisation mit MK 5 bei 60 °C mittels *in situ* Videomikroskopie. Auftragung der ESV versus der Polymerisationszeit für je eine 30 µm und 50 µm große Katalysatorpartikel. Oben: 180 Minuten Polymerisationszeit; Unten: 60 Minuten Polymerisationszeit

4.5 *In situ* Videomikroskopie: Untersuchung von MK 3, MK 4 und MK 5

Abbildung 4-25 zeigt Mirographien eines Polymersationsexperiments, in dem die Katalysatorsysteme MK 3, MK 4 und MK 5 nebeneinander auf der Beobachtungsfläche des Fensterautoklaven aufgestreut wurden. Bereits an der unterschiedlichen Intensität der Orangefärbung vor Beginn der Polymerisation erkennt man deutlich, welche Kenngröße bei der Synthese der Katalysatorsysteme variiert wurde: Wie bereits im Rahmen der Charakterisierung der verwendeten Katalysatorsysteme in Kapitel 3.6 angegeben, wurden bei der Herstellung von MK 3 0.2 Gew. %, bei MK 4 0.3 Gew. % und im Falle von MK 5 0.4 Gew. % der selben Zirkonocenkomponente trägerfixiert. In Kapitel 3.7 wurde dann das Polymerisationsverhalten dieser Katalysatorsysteme in der Suspensions- und Massepolymerisation verglichen. Dabei wurde auf die Menge an verwendetem Zirkonocen normiert; es wurden also unterschiedliche Mengen der jeweiligen Katatorsysteme miteinander verglichen. Hier soll nun das Polymerisationsverhalten der drei Katalysatoren in frühen Stadien der Gasphasenpolymerisation qualitativ miteinander verglichen werden.

Im Unterschied zu den bisherigen Vergleichspolymerisationen entfälllt in der qualitativen videomikroskopischen Beobachtung des Polymerisationverhaltens die Normierung auf den Zirkonoceengehalt. Daher ist es nicht weiter verwunderlich, dass hier MK 5, also das Katalysatorsystem welches die gröste Menge an Zirkonocen enthält, als erstes eine merkliche Partikelexpansion zeigt. Bereits eine Minute nach der Beaufschlagung des Autoklaven mit Propen zeigt MK 5 eine deutliche Farbveränderung. Nach drei Minuten Polymerisation zeigt sich bei diesen Katalysatorsystem eine deutliche Patikelexpansion. Etwa fünf Minuten nach dem Polymerisationsstart setzt auch bei MK 4 eine merkliche Patikelexpansion ein, während dieses Stadium von MK 3 erst nach etwa zehn Minuten erreicht wird. Die nach 15 Minuten Propenpolymerisation aufgenommene Mikrographie zeigt eine deutliche Expansion aller Katalysatorpartikel, aber auch hier lässt sich eine der Zirkonocenkonzentration auf dem Katalysatorträger folgende Abstufung der Polymerisationsaktivität der einzelnen Katalysatorsysteme noch klar erkennen.

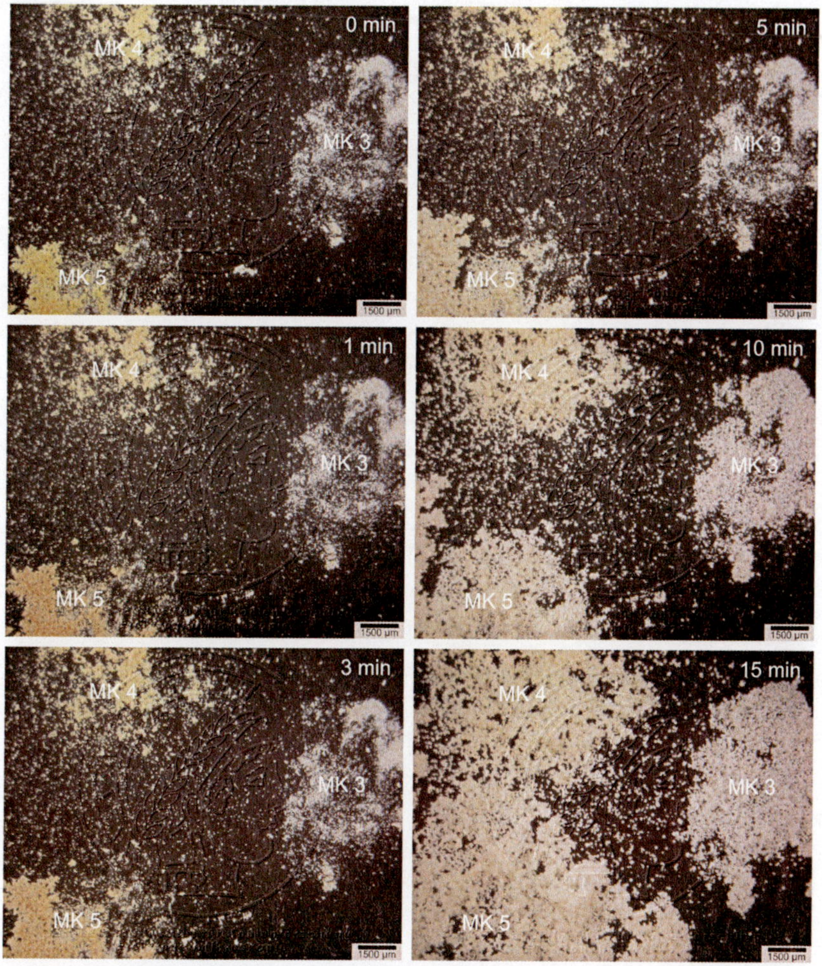

Abb. 4-25: Kontrastoptimierte Übersichtsaufnahmen polymerisierender Katalysatorpartikel der Katalysatorsysteme MK 3, MK 4 und MK 5. *Polymerisationsbedingungen:* $T = 40\ °C$, $p_{(Propen)} = 10\ bar$

4.6 *In situ* Videomikroskopie: Untersuchung von MK 6[108, 109]

Das hier verwendete Katalysatorsystem MK 6 besteht ebenfalls aus einer Zirkonocen-Verbindung welche zusammen mit dem Cokatalysator MAO auf hoch porösem, sprühgetrocknetem Fällungskieselgel in einem Suspensionsprozess trägerfixiert wurde. Die Trägermorphologie wurde mittels Rasterelektronenmikroskopie direkt und nach Anwendung spezieller Präparationsverfahren im Transmissionselektronenmikroskop untersucht, die Werte für den Aluminium- und Zirkongehalt wurden elementaranalytisch bestimmt. Die Verteilung der Aktivkomponenten wurde an Querschnittspräparaten mittels energiedispersiver Röntgenanalyse kontrolliert. Dabei zeigte sich, dass MK 6 in der äußeren und inneren Partikelmorphologie den bereits näher charakterisierten Katalysatorsystemen MK 1 und MK 2 sehr ähnlich ist. Bezüglich der Verteilung der Aktivkomponenten auf dem Trägermaterial zeigt MK 6 eine homogenere Verteilung als MK°2; im Vergleich mit MK 1 zeigt sich jedoch eine inhomogenere Verteilung des MAO auf den einzelnen Katalysatorpartikeln. Im Gegensatz zu den bisher in dieser Arbeit besprochenen Katalysatorsystemen ist MK 6 nicht für die Propenpolymerisation, sondern für die Ethenpolymerisation optimiert; es wurde also ein Zirkonocen mit anderem Eigenschaftsprofil trägerfixiert. Daher wurde hier auch in der *in situ* Videomikroskopie Ethen als Monomer in der Gasphasenpolymerisation verwendet.

Um die Anzahl der parallel detektierten Partikel zu erhöhen ohne die Auflösung der Mikrographien zu mindern, kam für dieses Experiment eine spezielle Kamera (Nikkon DXM 1200) zum Einsatz. Diese speziell für den Einsatz in der Lichtmikroskopie entwickelte Kamera erlaubt es, digitale Bilder mit einer Auflösung von bis zu 3840 x 3072 Pixeln mit einer Intervallzeit unter zehn Sekunden aufzunehmen.

In Abbildung 4-26 sind vier Aufnahmen aus einer Bildsequenz von 540 Bildern gezeigt. Es wurde bei 60 °C und 10 bar Ethylen 180 Minuten polymerisiert, wobei alle 20 Sekunden eine mikroskopische Aufnahme angefertigt wurde. Abbildung 4-26 zeigt den Katalysator zum Zeitpunkt der Beaufschlagung mit Monomergas und nach 60, 120 und 180 Minuten Polymerisation.

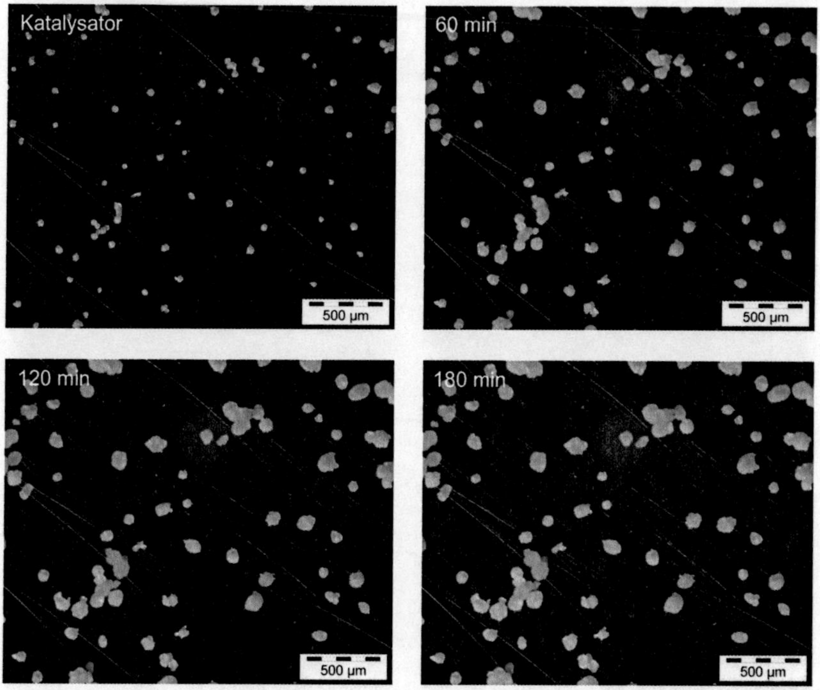

Abb. 4-26 :Vier Momentaufnahmen wachsender Polymerpartikel, aufgenommen nach 0, 60, 120 und 180 Minuten Ethenpolymerisation mit MK 6. *Polymerisationsbedingungen:* $T = 60\ °C$, $p_{(Ethen)} = 10\ bar$

Abbildung 4-27 zeigt eine Überlagerung der detektierten Partikel aus Abbildung 4-26 nach 0, 60 und 180 Minuten Polymerisation. Man erkennt das sukzessive Wachsen aller Einzelkörner unter Replikation der Form des Katalysatorträgers durch die Polymerpartikel. Mittels der Bildverarbeitung-Software analySIS Pro® wurde in den 540 aufgenommenen Einzelbildern die Projektionsfläche von 40 ausgewählten Partikeln automatisiert ermittelt. Es wurden nur solche Partikel berücksichtigt, die über die gesamte Polymerisationsdauer als freiliegende Einzelpartikel komplett abgebildet sind. Diese Partikel sind in Abbildung 4-28 gemäß der Endgröße nach 180 Minuten durchnummeriert, um sie mit den individuellen Kurven in Abbildung 4-29 direkt korrelieren zu können.

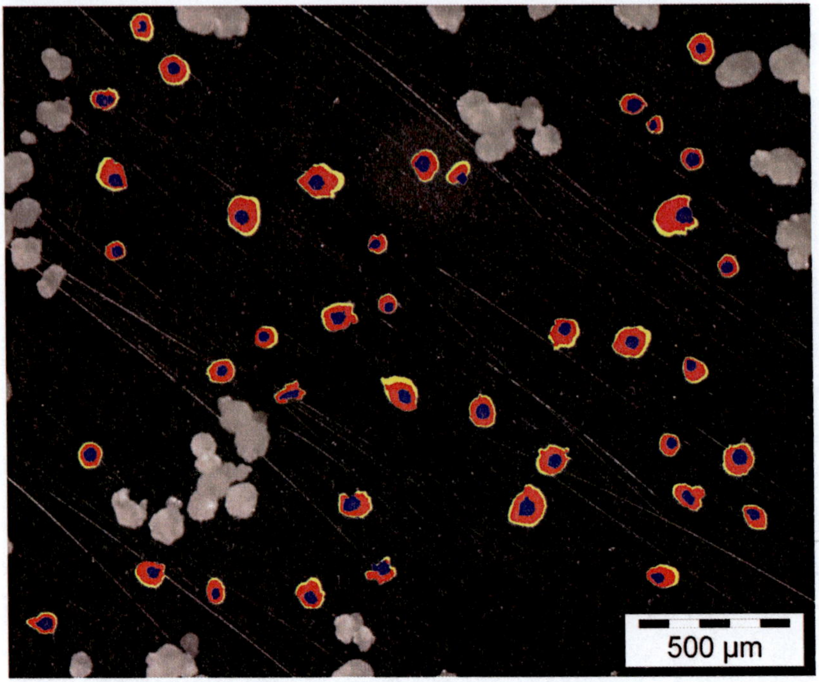

Abb. 4-27: Überlagerung der detektierten Partikel aus Abbildung 4-26 nach 0 Minuten (blau), 60 Minuten (rot) und 180 Minuten Polymerisation (gelb). *Polymerisationsbedingungen: T = 60 °C,* $p_{(Ethen)}$ *= 10 bar*

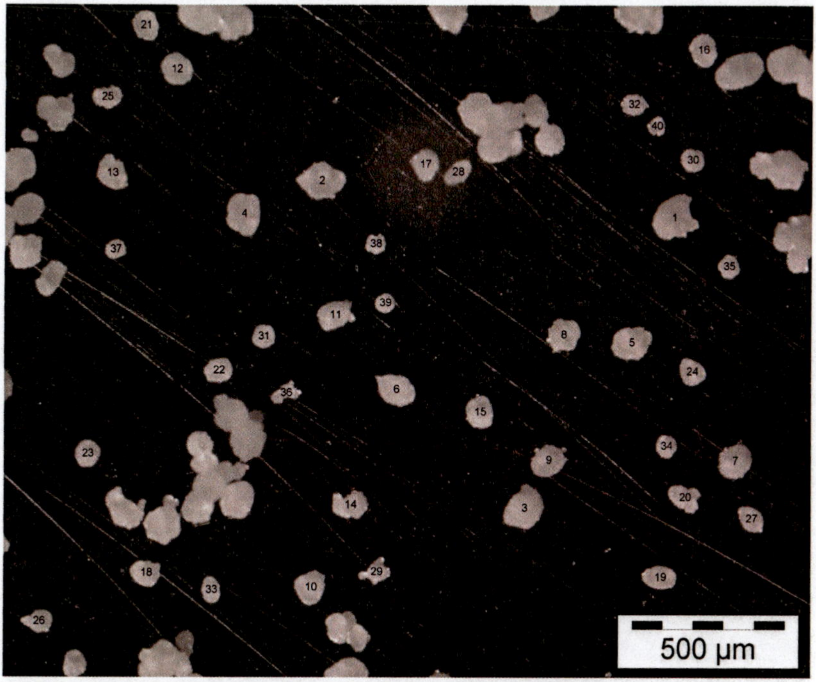

Abb. 4-28: Nummerierung der detektierten Partikel gemäß ihrer Endgröße nach 180 Minuten Polymerisation. *Polymerisationsbedingungen:* $T = 60\ °C$, $p_{(Ethen)} = 10\ bar$

Obgleich – wie schon früher gesagt – die Projektionsfläche primäre Messgröße ist, lassen sich die Partikelgrößen leichter erfassen, wenn der Partikeldurchmesser oder das Partikelvolumen angegeben werden. Deshalb bot es sich auch hier an, aus der Projektionsfläche den Durchmesser des flächengleichen Kreises (ECD) oder das Volumen einer Kugel gleicher Projektionsfläche (ESV) zu berechnen.

Als Ergebnis der quantitativen Bildauswertung ist die Auftragung des Diameter ECD in Abhängigkeit von der Polymerisationszeit in Abbildung 4-30 dargestellt. Es zeigt sich erwartungsgemäß allgemein ein kontinuierlicher Anstieg der Partikelgröße mit fortschreitender Polymerisationsdauer. Gemeinsam scheint auf den ersten Blick auch das kinetische Profil. Die Korngrößenverteilung des Katalysators wird durch die Polymerpartikel repliziert mit dem Ergebnis einer Vergrößerung des

Partikeldurchmessers um einen Faktor von ca. 2 nach 180 Minuten Polymerisation. Augenfällige Unregelmäßigkeiten sind die Sprünge in je einer Kurve nach 115 Minuten bzw. nach 140 Minuten. Betrachtet man die zugrundeliegenden Bilder, so erkennt man, dass diese Sprünge durch ein plötzliches Umkippen einzelner Polymerkörner verursacht worden sind. Aufgrund der nicht ideal sphärischen Partikelform ist im Fall der Unstetigkeit nach 115 Minuten ein plötzliches Absinken der Partikelgröße zu erkennen. Beim Umkippen einer anderen Partikel nach 140 Minuten zeigt sich eine sprunghafte Vergrößerung.

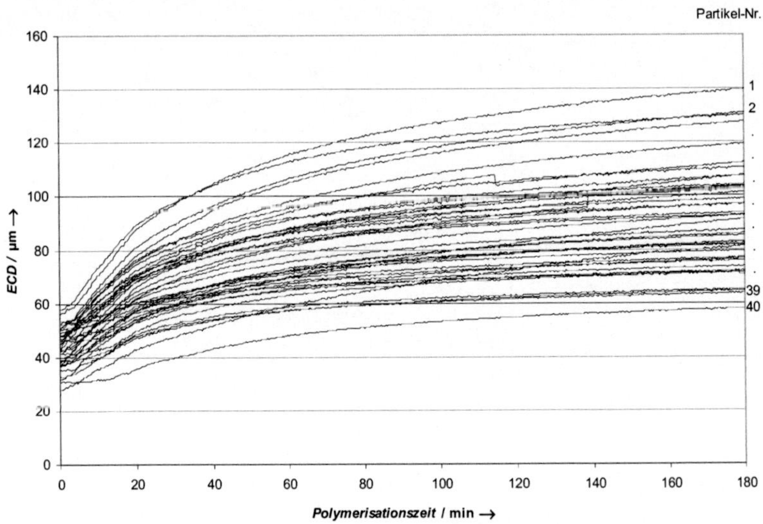

Abb. 4-30: Diagramm der Partikelexpansion im Zuge der Gasphasenpolymerisation von Ethen. Die zu den einzelnen Kurven zugehörigen Partikel sind gemäß ihrer Endgröße nach 180 Minuten in Abbildung 4-28 nummeriert. *Polymerisationsbedingungen: $T = 60$ °C, $p_{(Ethen)} = 10$ bar*

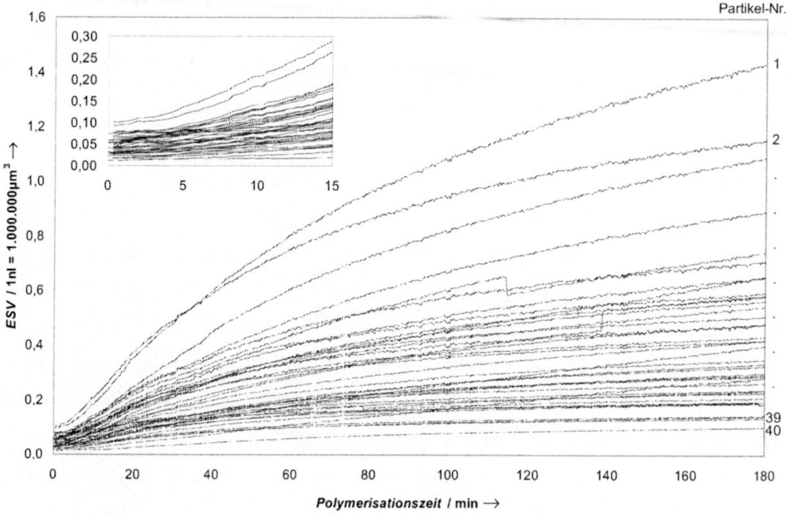

Abb. 4-31: Zunahme des Produktes Polyethylen (ESV) mit zunehmender Polymerisationszeit. *Polymerisationsbedingungen: T = 60 °C, $p_{(Ethen)}$ = 10 bar*

Abbildung 4-31 zeigt das Ansteigen der Partikelvolumina ESV als Funktion der Zeit. In einer hier etwa 15 Minuten andauernden Phase nimmt die Steigung der Kurven - also die Polymerproduktion - kontinuierlich zu. Die Ausschnittsvergrößerung verdeutlicht aber auch die Unregelmäßigkeit in diesem Bereich. Modellhaft lässt sich jedes Einzelkorn des Katalysators als ein diskreter Mikroreaktor[110] auffassen, das heißt, die Unregelmäßigkeiten in diesem Bereich kann man auch als unterschiedliche „Anfahrphasen“ der Mikroreaktoren ansehen.

Noch deutlicher lässt sich das kinetische Profil durch ein geglättetes Ableiten des Partikelvolumens nach Savitsky-Golay[111, 112] herausarbeiten. Abbildung 4-32 a) zeigt diese Art der Auswertung exemplarisch für die Partikel 1, 3, 5, 21, 38 und 39. Die Geschwindigkeits-Zeit-Kurven erreichen bei 10 bar und 60 °C nach etwa 15 Minuten ein Maximum. Dann wird die Änderung des Partikelvolumens mit der Zeit - die Partikelexpansion - immer geringer, das Polymerkorn wächst langsamer. Ferner zeigen sich deutlich unterschiedliche Maxima der Geschwindigkeiten. Die an den Kurven notierten Ausgangsdurchmesser der Katalysatorpartikel lassen sich in zwei Gruppen einteilen. Die unteren haben einen Durchmesser von etwa 35 µm, die oberen einen Durchmesser von etwa 50 µm. Daraus folgt, dass Partikel mit einem kleinen Durchmesser anscheinend langsamer polymerisieren als Partikel mit einem größeren Durchmesser. Um nun die Aktivität von Partikeln unterschiedlicher Größe besser miteinander vergleichen zu können, sind in Abbildung 4-32 b) die Geschwindigkeits-Zeit-Verläufe der Polymerisation auf das Volumen der zugrundeliegenden Ausgangskatalysatorpartikel normiert. Auch diese Auswertung liefert individuelle Wachstumsgeschwindigkeitsverläufe und bestätigt die Tendenz, dass Partikel mit einem kleinen Durchmesser langsamer wachsen als Partikel mit einem größeren Durchmesser.

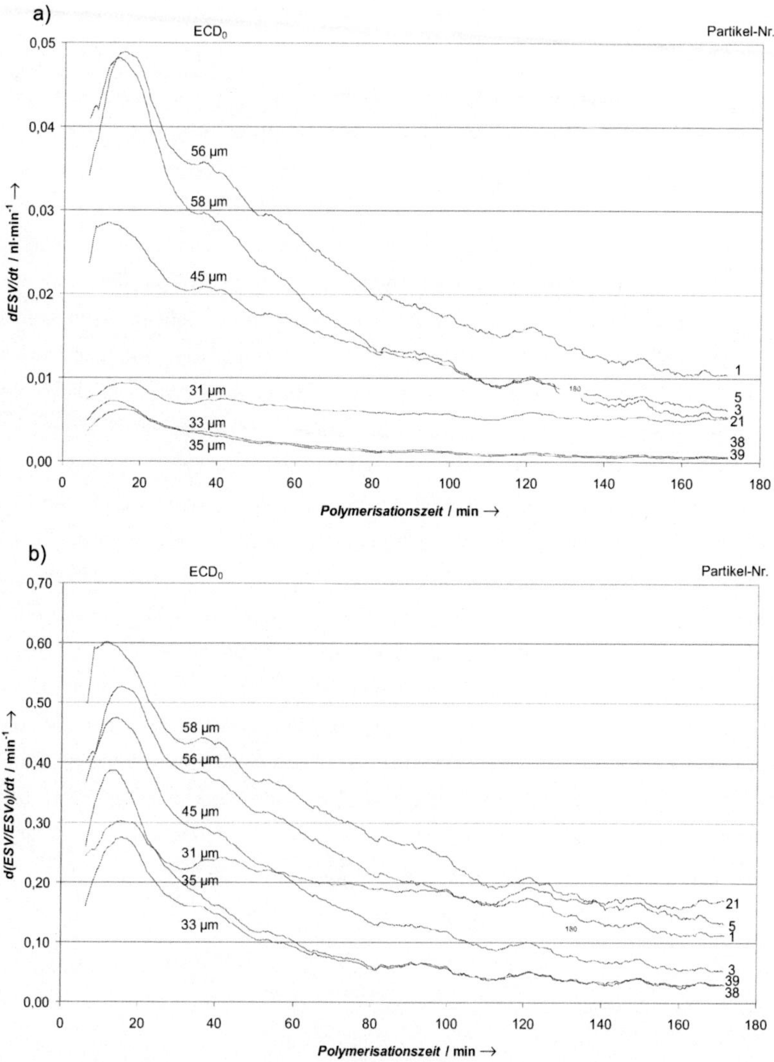

Abb.4-32: a) zeigt die Geschwindigkeits-Zeit-Kurve der Polymerisation, erstellt durch geglättete Ableitung des Partikelvolumens nach Savitsky-Golay. Die Messpunkte wurden durch ein Polynom 2. Grades über 51 Punkte, 25 rechts und 25 links von der Ableitung, genähert und durch Ableiten dieser Fitt-

Funktion erhalten. b) zeigt die auf das Katalysatorvolumen normierte Geschwindigkeits-Zeit-Kurve.

Es sei hier nochmals wiederholt, dass sich nach dem *polymer growth and particle expansion* Model (Kapitel 1.6) der Polymerisationsprozess in kurzgefasster Form so darstellen lässt (Abbildung 4-33): Auf eine anfängliche Präpolymerisationsphase unmittelbar zu Beginn der Reaktion, bei der um die jeweiligen Partikel eine dünne Polymerhülle gebildet wird, folgt eine Phase verminderter Aktivität. Diese wird durch die diffusionslimitierende Wirkung der kristallinen Polymerhülle hervorgerufen. Nach dieser „Diffusionsphase" sind in zunehmendem Maße auch aktive Zentren im Inneren der Partikel mit Monomer versorgt, so dass nun durch die hydraulischen Kräfte, die sich aus dem Polymerwachstum ergeben, die Fragmentierungsphase beginnt. Durch diese Fragmentierung des SiO_2-Trägers von außen nach innen werden neue polymerisationsaktive Zentren freigesetzt, so dass die Gesamtpolymerisationsgeschwindigkeit zunimmt. Mit dem Erreichen des Geschwindigkeitsmaximums ist der Fragmentationsprozess abgeschlossen. Dieser Verlauf konnte durch elektronenmikroskopische Untersuchungen von Querschnittspräparaten einzelner Polymerpartikel charakterisiert und bewiesen werden. Das SiO_2-Trägermaterial, das ursprünglich aus ca. 30-60 µm großen Partikeln bestand, liegt nun in Form seiner 10-20 nm großen Primärpartikel feinst verteilt in einer Polymermatrix vor, die aufgrund der fortschreitenden Polymerisation expandiert. Die in Abbildung 4-32 sichtbare Verlangsamung der Partikelexpansion resultiert aus den immer länger werdenden Diffusionswegen. Die Anzahl der polymerisationsaktiven Zentren nimmt nicht weiter zu, wohl aber die Polymermenge und damit die Partikelgröße, beziehungsweise die Länge der Diffusionswege für das Monomer.

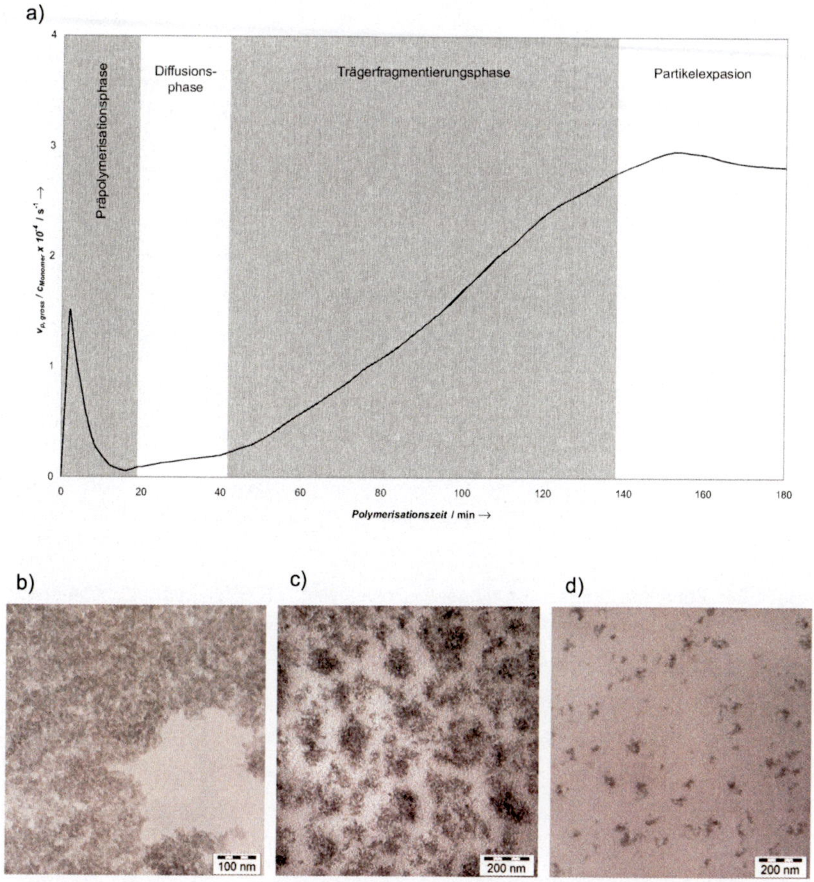

Abb. 4-33: Oben: a) Polymerisationsgeschwindigkeit in Suspension in Abhängigkeit von der Zeit mit den verschiedenen Ablaufphasen. Unten: TEM-Mikrographien von Ultradünnschnitten b) der Katalysatorpartikel, c) einer Polymerpartikel in der Fragmentierungsphase, d) einer Polymerpartikel in der Phase der Partikelexpansion.

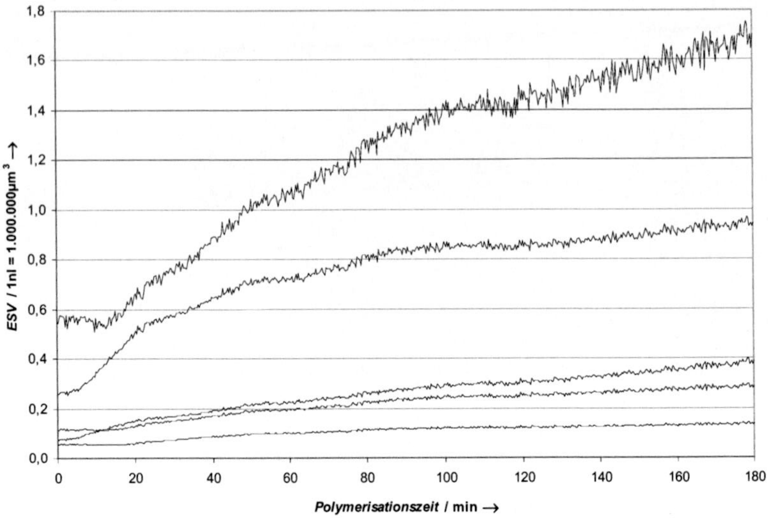

Abb. 4-34: Zunahme des Produktes Polyethylen (ESV) mit zunehmender Polymerisationszeit. *Polymerisationsbedingungen:* $T = 50\ °C$, $p_{(Ethen)} = 2.5\ bar$

In der Videomikroskopie lässt sich die Bildung einer diffusionslimitierenden Polymerhülle (Präpolymerisationsphase) als eine Änderung der Partikelfarbe und Partikeltransparenz kurz nach der Beaufschlagung des Autoklaven mit Monomergas beobachten. Führt man die Polymerisation bei einem geringeren Ethylendruck von 2,5 bar durch, so ist jetzt auch in der Videomikroskopie die Diffusionsphase deutlich zu erkennen (Abbildung 4-34).

Zusammenfassend können wir feststellen: Das oben geschilderte unterschiedliche Verhalten beruht auf folgenden verschiedenen Ursachen, die den Polymerisationsprozess beeinflussen:

- Probleme mit der Wärmeabfuhr führen bei größeren Partikeln zu lokalen Überhitzungen (Hotspots). Die höheren Temperaturen bedingen eine höhere Polymerisationsgeschwindigkeit und damit eine schnellere Fragmentierung.

- Unterschiedliche, nicht homogene Katalysatorverteilung im Volumen der Partikel, die z. B. durch den Trägerungsprozess verursacht wird,[113] erzeugt unterschiedliches Expansionsverhalten über die Polymerisationszeit.

- Verunreinigungen z. B. im Monomergas desaktivieren die Oberfläche der Katalysatorpartikel; dies wirkt sich bei kleinen Partikeln stärker aus als bei größeren.

- Wenn größere Partikel an der Oberfläche desaktiviert werden, haben sie immer noch im Inneren mehr aktive Zentren. Daher werden diese Partikel nach der "Anlaufphase" schneller "weiterleben" und sich ausdehnen.

4.7 *In situ* Videomikroskopie: Untersuchung von ZK 3

Beim Katalysatorsystem ZK 3 handelt es sich um einen auf Fällungskieselgel trägerfixierten Ziegler-Katalysator zur Herstellung von Polypropen. Das von einem Industriepartner hergestellte Katalysatorsystem basiert auf einer ähnlichen Rezeptur wie ZK 1, es wurde hier jedoch ein sprühgetrocknetes Fällungskieselgel mit einer sphärischen Partikelgestalt als Trägermaterial verwendet. Wie im Fall von ZK 1 ist die Magnesiumverbindung leicht inhomogenen auf die einzelnen Partikeln des Katalysatorsystems verteilt.

Im Gegensatz zu den bisher mit Hilfe der *in situ* Videomikroskopie untersuchten Metallocen-Katalysatorsystemen ist im Fall von Ziegler-Katalysatoren ein zusätzlicher Aktivierungsschritt mit Triethylaluminim (TEA) vor der Polymerisation notwendig. Um hochisotaktisches Polypropen herzustellen, muss ferner ein Stereomodifier dem Reaktionsansatz zugesetzt werden. Hier wurde der Katalysator unmittelbar vor Befüllen des Fensterautoklaven in der Glovebox aktiviert. Der rieselfähige Katalysator wurde hierzu in einer Mischung aus TEA und Stereomodifier suspendiert und diese Mischung mit einer Glaspipette auf die Edelstahlplatte des Fensterautoklaven aufgebracht. 60 Minuten nach dem Kontakt mit TEA und Stereomodifier wurde die Polymerisation durch Beaufschlagen des Autoklaven mit Monomergas gestartet. Ein Kontrollexperiment 24 Stunden nach der Katalysatoraktivierung zeigt gegenüber der hier diskutierten Polymerisation eine leicht geminderte Polymerisationaktivität des Katalysators; nach 7 Tagen in der TEA / Stereomodifier-Suspension war der Katalysator weitgehend inaktiv.

In Abbildung 4-35 sind 8 Mikrographien der Polymerisation mit dem zuvor für 60 Minuten mit TEA und Stereomodifier aktivierten Katalysatorsystem ZK 3 wiedergegeben. Die einzelnen Katalysatorpartikel liegen hier im Flüssigkeitsfilm der TEA / Stereomodifier-Lösung und sind infolge der aktivierten Titanverbindung(en) braun gefärbt. Man erkennt ein rasantes Wachstum aller abgebildeten Einzelpartikel innerhalb des Beobachtungszeitraumes von 20 Minuten. Ausgehend von einem Katalysatordurchmesser zwischen 50 und 100 µm bilden sich Polymerpartikel mit 125 bis 250 µm Durchmesser. Dabei wird die Katalysatorgestalt durch die wachsenden Polymerpartikel repliziert.

Um einige besonders bemerkenswerte Details besser sichtbar zu machen, ist in Abbildung 4-36 der mittlere Bildausschnitt, entsprechend dem Kasten im ersten Bild von Abbildung 4-35, für alle 8 Mikrographien nochmals vergrößert dargestellt. Hier wird besonders deutlich, dass sich um die dunkelbraunen Partikel des aktivierten Katalysatorsystems bereits in der ersten Minute der Polymerisation eine helle Hülle aus Polymer ausbildet. Da das Polypropen in der Lösung aus TEA, Stereomodifier und gelöstem Propen entsteht, sind die Kavitäten mit Flüssigkeit gefüllt und die Polymerhülle damit weitgehend transparent. Im Inneren dieser transparenten Polymerhülle kann man gut den dunklen Kern aus aktiviertem Katalysator erkennen. Mit fortschreitender Polymerisationszeit nimmt nun die Dicke der Polymerschicht kontinuierlich zu, während der dunklen Kern aus aktiviertem Katalysator kleiner wird. Nach etwa 20 Minuten Polymerisation sind unter den gewählten Bedingungen bei den meisten Partikeln keine größeren Fragmente des Katalysator mehr sichtbar, statt dessen ist nun die Polymermatrix leicht bräunlich gefärbt.

Die beiden kreisförmigen Markierungen heben zwei Partikel hervor, welche diesen Fragmentierungsverlauf – einen schalenartigen Abbau des Trägers von der Partikeloberfläche zum Partikelzentrum hin – wie die überwiegende Mehrheit aller Partikel durchlaufen. Die quadratische Markierung zeigt eine Variation dieses Verhaltens: Hier zerfällt der dunkle Kern aus aktiviertem Katalysator nach etwa drei Minuten in vier kleinere Bruchstücke, die dann im weitern Verlauf der Polymerisation ebenfalls einem von der Oberfläche zum (Sub)-Partikelzentrum hin gerichteten Abbau unterliegen.

In der filmischen Dokumentation dieser Polymerisationssequenz ist ferner deutlich zu erkennen, dass die höchste Polymerisationsgeschwindigkeit genau zu dem Zeitpunkt erreicht wird, in dem die dunklen Kerne aus aktiviertem Katalysator komplett abgebaut sind.

Diese *in situ* Beobachtungen mit Hilfe der Videomikroskopie bestätigen nochmals mit einer unabhängigen Methode die aus der elektronenmikroskopischen Untersuchung von Schnittpräparaten gewonnenen Erkenntnisse über das Fragmentierungsverhalten von silicageträgerten Katalysatorsystemen während der Olefinpolymerisation, welche im *polymer growth and particle expansion* Model (Kapitel 1.6) zusammengefasst sind.

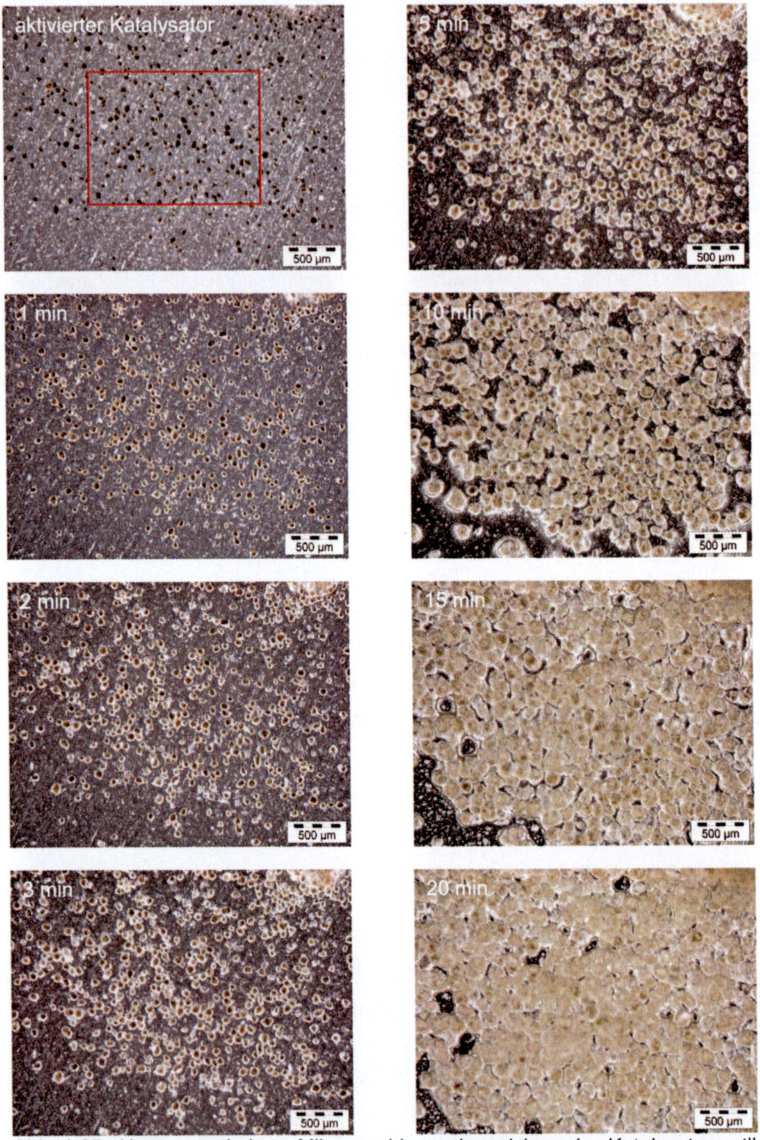

Abb. 4-35: Kontrastoptimierte Mikrographien polymerisierender Katalysatorpartikel des aktivierten Katalysatorsystems ZK 3 während der Propenpolymerisation. Der Kasten kennzeichnet den in Abb. 4-36 vergrößert abgebildeten Ausschnitt. *Polymerisationsbedingungen:* $T = 40\ °C$, $p_{(Propen)} = 10\ bar$

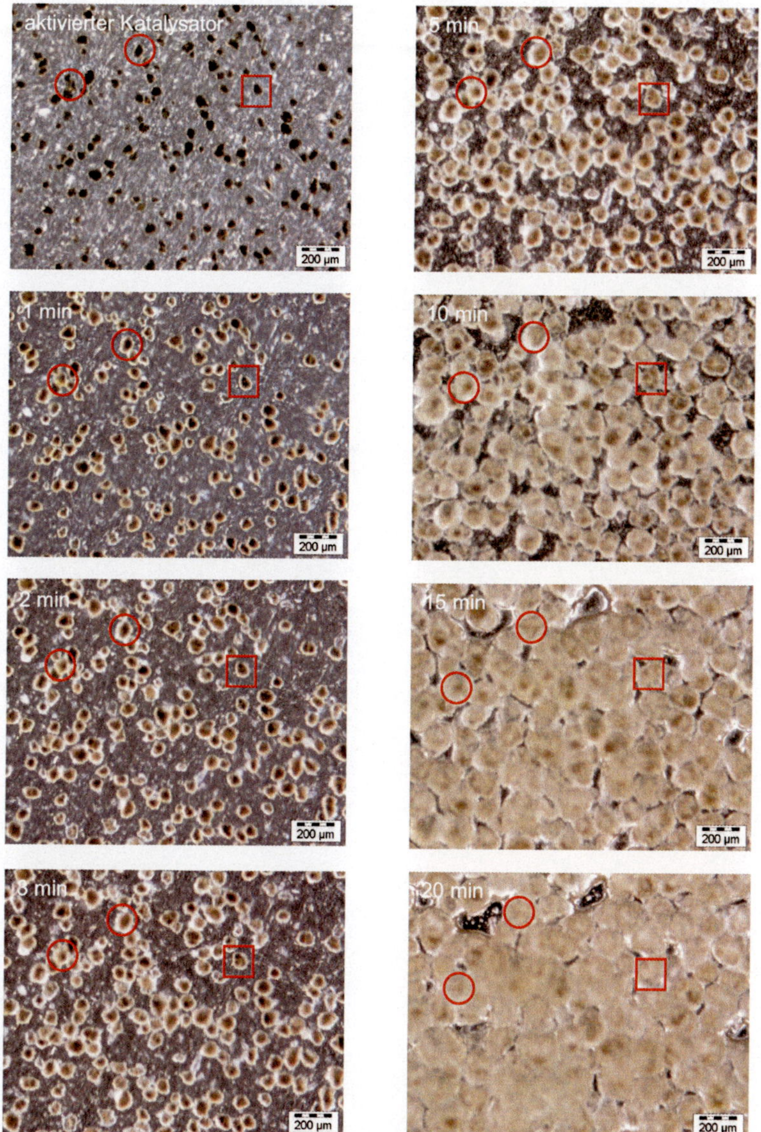

Abb. 4-36: Ausschnitte der kontrastoptimierten Mikrographien polymerisierender Katalysatorpartikel des aktivierten Katalysatorsystems ZK 3 während der Propenpolymerisation. (vgl. Abb. 4-35) *Polymerisationsbedingungen:* $T = 40\ °C$, $p_{(Propen)} = 10\ bar$

5 Diskussion und Ausblick

Zentrales Thema dieser Arbeit ist die Charakterisierung von heterogenen Katalysatorsystemen vor und während der Olefinpolymerisation mittels Elektronenmikroskopie, *in situ* Videomikroskopie und kinetischen Analysen. Dabei werden sowohl klassische Ziegler-Katalysatoren als auch Metallocen-Katalysatoren, heterogenisiert auf porösem Fällungskieselgel (Silica) untersucht.

Die Rasterelektronenmikroskopie (SEM) liefert Informationen über die für sprühgetrocknete Fällungskieselgel meist sphärische Partikelgestalt und die recht engen Korngrößenverteilungen zwischen 20 und 100 µm. Schnittpräparate erlauben einen Einblick in die Volumenstruktur der Katalysatorsysteme. Man erkennt die Zusammensetzung der Trägerpartikel aus kleineren Fragmenten, die während des Sprühtrocknungsprozesses miteinander verklebt werden. Zwischen diesen Fragmenten bilden sich dabei Kavitäten mit Durchmessern im Bereich einiger Mikrometer. Mit Hilfe der Transmissionselektronenmikroskopie (TEM) kann die Katalysatorstruktur bis in den Nanometer-Größenbereich abgebildet werden. Man erkennt, dass das Fällungskieselgel aus ca. 10 nm großen „Primärpartikeln" aufgebaut ist. Stickstoff-Adsorptionsmessungen an den Katalysatorsystemen ergaben hohe spezifische Oberflächen (169 bis 374 m^2/g) und eine Porosität vorwiegend im Mesoporösen Größenbereich. Diese Poren sind zwischen den Primärpartikeln oder kleineren Agglomeraten aus diesen lokalisiert und tragen maßgeblich zur hohen spezifischen Oberfläche der Katalysatorsysteme bei. Energieaufgelöste Röntgenspektroskopie (EDX) dient zur Messung der Verteilung der Aktivkomponenten eines Katalysatorsystems auf dem Trägermaterial. So kann z. B. festgestellt werden, ob die Cokatalysator-Komponente Methylaluminoxan (MAO) das Trägermaterial homogen durchtränkt hat.

Das Polymerisationsverhalten der Katalysatorsysteme wird in Suspensions-, Masse-, und Gasphasenpolymerisationen untersucht und zu den Ergebnissen aus der elektronenmikroskopischen Charakterisierungen in Beziehung gesetzt. So kann bei der vergleichende Untersuchung von zwei Ziegler-Katalysatoren, ZK 1 und ZK 2, ein systematischer Einfluss der Verteilung der Aktivkomponenten auf das Polymerisationsverhalten beobachtet werden. Die inhomogenen Beladung des

Katalysators ZK 1 mit der Magnesiumkomponente bewirkt einen, industriell unerwünschten, schnelleren Anstieg der Polymerisationsaktivität, gefolgt von einem beschleunigten Aktivitätsabfall.

Um Informationen über das Fragmentieren des Trägermaterials im Verlauf der Polymerisation zu gewinnen, wurden Polymerisationen zu gezielten Zeitpunkten abgebrochen und die resultierenden Polymerproben elektronenmikroskopisch untersucht. Durch solche Untersuchung an Polymerproben aus Versuchen unter besonders milden Bedingungen konnte von Przybyla, Zechlin und Steinmetz[58, 70, 114] ein *polymer growth and particle expansion model* erarbeitet werden, welches den typischen kinetischen Verlauf solcher Polymerisationen bestimmten, wohl definierten Fragmentierungsstadien zuordnet. Zentrale Aussagen des Modells sind, dass die Polymerisation an den aktiven Zentren an der Oberfläche der als diskrete Mikroreaktoren zu betrachtenden Katalysatorpartikeln beginnt. Nachfolgend fragmentieren die hydraulischen Kräfte des gebildeten Polymers das Trägermaterial von außen nach innen fortschreitend. Damit wird es möglich, den Polymerisationsverlauf anhand von experimentell gestützten Beobachtungen zu modellieren. Mathematisch gelingt die Simulation durch Annahme einer sukzessiven schalenförmigen Fragmentierung des Katalysatorträgers. Nach diesem Abbau erfolgt die Expansion auf das zehn- bis hunderttausendfache des Katalysatorvolumens. Dabei geht das *polymer growth and particle expansion model* in das *multigrain model*[115, 116] über.

In dieser Arbeit konnte weiterführend gezeigt werden, dass die Grundannahmen des *polymer growth and particle expansion model* – ein schalenartiger Abbau des Katalysatorträgers von der Partikeloberfläche hin zum Partikelzentrum – nicht auf die Polymerisation mit Metallocen/MAO/Silica-Katalysatoren unter milden Modellbedingungen beschränkt sind, sondern auch unter deutlich drastischeren, industrienahen Bedingungen, wie etwa der Massepolymerisation von Propen, zu beobachten sind.

Die Untersuchung der frühen Phasen der Massenpolymerisation mit dem Zirkonocen/MAO/Silica-Katalysator MK 2 zeigte darüber hinaus ein verzögertes „Anspringen“ von diversen Katalysatorpartikeln. Dieses verschiedene

Polymerisationsverhalten einzelner Partikel konnte auf eine inhomogene Verteilung des Cokatalysators Methylaluminoxan (MAO) auf dem Silicaträger zurückgeführt werden. Anstelle einer gewünschten gleichmäßigen Durchtränkung findet sich bei einer Vielzahl von Partikeln eine schalenartige Anreicherung des Cokatalysators an der Partikeloberfläche. Diese inhomogene Verteilung hat Konsequenzen auf das Polymerisationsverhalten. In der Massepolymerisation zeigt sich ein verzögertes „Anspringen" von Partikeln mit einer inhomogenen Beladung. In der videomikroskopischen Analyse der Gasphasenpolymerisation von Propen mit diesem Katalysator zeigt sich, dass einige Partikel unter den gewählten Polymerisationsbedingungen, also ohne den Zusatz von weiterem Aluminiumalkyl, sogar weitgehend inaktiv sind. Als Konsequenz in der industriellen Polymerproduktion kann eine solche inhomogene Verteilung der Aktivkomponenten somit z. B. zu einer unvollständigen Fragmentierung des Katalysatorträgers führen. In der Verarbeitung des resultierenden Polymers würden größere Trägerfragmente dann zu einer sogenannten "Stippenbildung" bei der Herstellung von dünnen Folien führen. Die Qualität des Produktes wäre deutlich gemindert.

In der elektronenmikroskopischen Untersuchung zeigte sich, dass die als diskrete Mikroreaktoren beschreibbaren Einzelpartikel zum Teil ein sehr individuelles Fragmentierungsverhalten besitzen. Etablierte kinetische Untersuchungsmethoden messen jedoch stets nur das integrale Polymerisationsverhalten einer großen Anzahl von Partikeln. Diese Diskrepanz führte zum Aufbau einer Pilotanlage zur *in situ* videomikroskopischen Analyse von Gasphasenpolymerisationen unter variablem Monomergasdruck als weiteren wichtigen Bestandteil dieser Arbeit. Herzstück der Anlage ist ein Fensterautoklav mit etwa 50 ml Volumen und einer Druckfestigkeit bis 160 bar. Der Fensterautoklav wird mit wenigen Mikrogramm Katalysator beladen und unter einen Lichtmikroskop mit hochauflösender CCD-Kamera positioniert. Das Anwachsen der einzelnen Katalysatorpartikel wird dann während der Polymerisation in einer Bildsequenz dokumentiert. Eine Analyse der Bilddaten mit einer dazu erstellten digitalen Bildverarbeitung zeigt, dass es möglich ist, das Wachstumsverhalten von bis zu 50 Partikeln parallel zu erfassen und quantitativ auszuwerten. Die Empfindlichkeit kinetischer Untersuchungen mit Hilfe der *in situ* Videomikroskopie liegt dabei um etwa 4 Zehnerpotenzen höher als die Empfindlichkeit konventioneller thermischer

Massendurchflussmesser zur Messung des Monomergasverbrauchs. Bedingt durch die hohe Empfindlichkeit, den geringen Katalysatorbedarf und eine prinzipiell auf weit über 50 Kanäle ausbaubare Parallelisierung bietet sich die *in situ* Videomikroskopie auch für die Katalysatoroptimierung mit Methoden der kombinatorischen Chemie an.

Die *in situ* Videomikroskopie bietet erstmals die Möglichkeit, das Wachstumsverhalten und die Morphologiereplikation einzelner Partikel noch während der Polymerisation zu verfolgen. Das Verfahren liefert wertvolle Erkenntnisse über das Polymerisationsgeschehen auf einer bisher wenig erforschten Größenskala, dem Milli- bis Mikrometerbereich.

So gelingt es am Beispiel des Zieglerkatalysators ZK 3, das Fragmentieren des Katalysators während der Polymerisation zu beobachten. Dabei dient die braune Farbe der aktivierten Titanspezies zur inhärenten Markierung des Katalysators. Erstmals konnte der von der Partikeloberfläche zum Partikelzentrum hin fortschreitende Abbau des Katalysatorträgers *in situ* beobachtet werden. Somit konnte in dieser Arbeit die Gültigkeit des *polymer growth and particle expansion model* auch für auf Silica geträgerte Zieglerkatalysatoren experimentell bestätigt werden.

Mit Hilfe der *in situ* Videomikroskopie konnte direkt gezeigt werden, dass das Verhalten der Einzelpartikel während der Polymerisation sehr individuell ist. So wurde beobachtet, dass große Partikel schneller Expandieren als kleinere. Eine Erklärung hierfür ist ein stärkerer Temperaturanstieg innerhalb der großen Partikel infolge der exothermen Polymerisationsreaktion.

Anhand eines anderen Beispiels wird gezeigt, dass die *in situ* Videomikroskopie auch für die elektronenmikroskopische Untersuchung der Polymerisation mit heterogenen Katalysatoren eine wertvolle Bereicherung darstellt. Erstmals ist es möglich, einzelne Partikel mit genau bekanntem individuellen Polymerisationsverhalten nach Abbruch der Polymerisation auszuwählen und nach entsprechender Präparation mit Hilfe der Elektronenmikroskopie bis hinein in den Nano-Bereich zu charakterisieren.

Es liegt nahe, eine solche Methode auch für weiterführende kinetische Untersuchungen zu nutzen. So können neben der Variation von Parametern wie Druck und Temperatur auch andere Einflussgrößen wie Partikelgröße, Partikelform oder Partikelfarbe studiert werden. Bei der Durchführung solcher Reihenuntersuchungen unter Variation von Druck und Temperatur in dieser Arbeit zeigte sich jedoch eine schlechte Reproduzierbarkeit der Einzelexperimente. Besonders hohe Anforderungen an die Gloveboxatmosphäre wegen der hohen Empfindlichkeit separierter Katalysatorpartikel gegen Katalysatorgifte, die zu einer partiellen Desaktivierung der Katalysatorpartikel führen, konnten als Ursache hierfür ausgemacht werden. Dieses Problem ist für die Zukunft durch die Benutzung einer eigenen Glovebox, die nur für diese videomikroskopischen kinetischen Untersuchungen zur Verfügung steht, gelöst worden.

Untersuchungen zum Fragmentierungsverhalten von auf Magnesiumchlorid geträgerten Zieglerkatalysatoren oder zum Fragmentierungsverhalten von polymeren Trägermaterialien während der Partikelexpansion sind in unserem Arbeitskreis in Bearbeitung. Die Vielfalt der Trägersysteme zeigt ein großes Potential an mechanistischem und verfahrenstechnischen Möglichkeiten.

6 Zusammenfassung

Diese Arbeit widmet sich der video- und elektronenmikroskopischen Untersuchungen der Olefinpolymerisation mit trägerfixierten Katalysatorsystemen. Untersucht wurden sowohl klassische Ziegler-Katalysatoren als auch Metallocen-Katalysatoren, heterogenisiert auf porösem Fällungskieselgel (Silica). Die rasterelektronenmikroskopische Untersuchung der Katalysatorsysteme zeigt die meist sphärische Partikelmorphologie bei einem Korndurchmesser von ca. 70 µm. Mit Hilfe der Transmissionselektronenmikroskopie konnten die ca. 10 nm großen „Primärpartikel", aus denen das Silica aufgebaut ist, abgebildet werden. Energieaufgelöste Röntgenspektroskopie diente zur Messung der teils inhomogenen Verteilung der Aktivkomponenten des Katalysatorsystems auf und im Volumen des Trägermaterials. Diese Informationen wurden mit dem Polymerisationsverhalten in Suspensions-, Gasphasen- und Massepolymerisationen verglichen. Um das Fragmentieren des Trägermaterials zu untersuchen, wurden Polymerisationen zu gezielten Zeitpunkten abgebrochen und die resultierenden Polymerproben elektronenmikroskopisch untersucht. Die Ergebnisse führten zu einem umfassenden *polymer growth and particle expansion model*, dessen zentrale Aussagen sind: Die Katalysatorpartikel sind als diskrete Mikroreaktoren zu betrachten. Die Polymerisation beginnt an den aktiven Zentren an der Oberfläche dieser Partikel, nachfolgend fragmentieren die hydraulischen Kräfte des gebildeten Polymers dann das Trägermaterial von außen nach innen fortschreitend. Nach diesem Abbau erfolgt eine Partikelexpansion auf das zehn- bis hunderttausendfache des Katalysatorvolumens. Mathematisch gelingt die Simulation durch Annahme einer sukzessiven schalenförmigen Fragmentierung des Katalysatorträgers. Die Gültigkeit des unter milden Modellbedingungen erarbeiteten *polymer growth and particle expansion model* auf Polymerisationen unter industriell üblichen deutlich drastischeren Polymerisationsbedingungen wird experimentell bewiesen. Die Anwendbarkeit des anhand von Metallocen-Katalysatoren entwickelten Modells auch auf die Polymerisation mit auf Silica geträgerten Ziegler-Katalysatoren wird belegt.

Etablierte kinetische Untersuchungsmethoden messen stets das integrale Polymerisationsverhalten einer großen Anzahl von Partikeln. In der elektronenmikroskopischen Untersuchung zeigt sich aber teilweise ein sehr individuelles Fragmentierungsverhalten einzelner Katalysatorpartikel. Diese Diskrepanz führte zum Aufbau einer Pilotanlage zur *in situ* videomikroskopischen Analyse von Gasphasenpolymerisationen unter variablem Monomergasdruck als weiteren wichtigen Bestandteil dieser Arbeit. Herzstück der Anlage ist ein Fensterautoklav mit etwa 50 ml Volumen und einer Druckfestigkeit bis 160 bar. Der Fensterautoklav wird mit wenigen Mikrogramm Katalysator beladen und unter einen Lichtmikroskop mit hochauflösender CCD-Kamera positioniert. Das Anwachsen der einzelnen Katalysatorpartikel während der Polymerisation wird in einer Bildsequenz dokumentiert und mittels digitaler Bildverarbeitung ausgewertet. Man erhält die Polymerisationskinetik vieler individueller Polymerpartikel. Die Leistungsfähigkeit dieses innovativen Verfahrens zur mikrokinetischen Analyse der Polymerisationen von Einzelkörnern konnte anhand der Untersuchung eines breiten Spektrums von Katalysatorsystemen belegt werden. Das Verfahren erlaubt erstmals, die Auswertung der individuellen Polymerisationsgeschwindigkeit einzelner Partikel und ist im Vergleich zu konventionellen, integralen Methoden wie der thermischen Massendurchflussmessung zur Messung des Monomergasverbrauchs um etwa 4 Zehnerpotenzen empfindlicher. Bedingt durch die hohe Empfindlichkeit, den geringen Katalysatorbedarf und eine prinzipiell auf weit über 50 Kanäle ausbaubare Parallelisierung bietet sich die Methode z. B. auch für die Katalysatoroptimierung mit Methoden der kombinatorischen Chemie an. Mit Hilfe der *in situ* Videomikroskopie konnte erstmals direkt gezeigt werden, dass das Verhalten der Einzelpartikel während der Polymerisation sehr individuell ist. So wurde beobachtet, dass große Partikel schneller Expandieren als kleinere. Eine Erklärung hierfür ist ein stärkerer Temperaturanstieg innerhalb der großen Partikel infolge der exothermen Polymerisationsreaktion. Weitere Ursachen eines abweichenden Polymerisationsverhaltens ließen sich mit Hilfe von *ex situ* elektronenmikroskopischen Untersuchungen belegen. Hier konnte die Trägerfragmentierung anhand von Partikeln mit bekannter Individualkinetik untersucht werden.

7 Experimenteller Teil

7.1 Allgemeines

Die eingesetzten Katalysatorsysteme sind sehr empfindlich gegen Luft, Wasser und einige weitere als Katalysatorgifte wirkende Substanzen. Aus diesem Grunde wurden sämtliche Arbeiten unter einer Argon-Schutzatmosphäre ausgeführt, sofern es nicht ausdrücklich anders beschrieben ist. Hierbei wurde auf die übliche Schlenktechnik zurückgegriffen. Alle verwendeten Glasgeräte wurden bei 100°C im Trockenschrank vorgetrocknet und vor dem jeweiligen Gebrauch sorgfältig im Ölpumpenvakuum mit einem Heißluftföhn ausgeheizt. Nach dem Abkühlen wurde mit Argon belüftet. Entnahmen oder Zugaben von Substanzen wurden grundsätzlich nur im Argon-Gegenstrom durchgeführt, um ein Eindringen von Luft zu verhindern.

7.2 Chemikalien

7.2.1 Lösungsmittel

Das Toluol wurde zur Vortrocknung in der Versuchsanlage des Institutes unter Rückfluss 3 Tage lang über Natriumaluminiumtetraethylat ($NaAl(Et)_4$) gekocht und unter Argon destilliert. Die Nachreinigung erfolgt durch Rückflusskochen in einer Umlaufapparatur über metallischem Natrium.

7.2.2 Katalysatoren

Die in dieser Arbeit untersuchten trägerfixierten Katalysatorsysteme wurden von der chemischen Industrie zur Verfügung gestellt. Die Katalysatorsysteme wurden unter Lichtausschluss bei 0°C gelagert.

7.2.3 Cokatalysatoren

Das Triisobutylaluminium (TIBA) sowie das Triethylaluminium (TEA) wurden von der Firma Crompton als Reinsubstanz bezogen.

7.2.4 Monomere

Für Suspensionspolymerisationen wurde Propen 2.5 der Firma Messer verwendet. Die Nachtrocknung erfolgt über zwei dem Reaktor vorgeschaltete, mit Molekularsieb 3 Å bzw. mit $NaAl(Et)_4$ befüllte Trockentürme.

Für alle Massepolymerisationen wurde ebenfalls Propen 2.5 der Firma Messer verwendet, allerdings ohne Nachreinigung, um eine industrienahe Arbeitsweise zu simulieren.

Für Gasphasenpolymerisationen (Videomikroskopie) wurde Propen 3.5 und Ethen 3.5 der Firma Messer verwendet. Die Nachtrocknung erfolgt jeweils über dem Reaktor vorgeschaltete und mit $NaAl(Et)_4$ befüllte Trockentürme.

7.3 Suspensionspolymerisationen

Suspensionspolymerisationen wurde in einem temperierbaren Laborrührautoklaven der Firma Büchi AG (CH-Uster, Typ BEP) durchgeführt. Abbildung 7-1 zeigt den Aufbau der gesamten Polymerisationsanlage mit Messeinrichtungen und Zuleitungen.

Die Rührung erfolgt über ein stopfenbüchsenloses Rührwerk mit Magnetkupplung und einer Edelstahlrührwelle, an welche ein Glasflügelrührer angeschraubt ist. Der Antrieb erfolgt über ein stufenlos regulierbares Differentialgetriebe eines Elektromotors. Generell wurde bei allen Polymerisationen, die in dieser Anlage ausgeführt worden sind, eine Drehzahl von 1200 Umdrehungen/min eingestellt. Beim eigentlichen Reaktorgefäß handelt es sich um ein zylindrisches, doppelwandiges Rundbodengefäß, welches ein Nennvolumen von 250 ml hat. Dieses auswechselbare Glasrührgefäß aus Borosilicatglas ist werkseitig auf einen maximalen Druck von 12 bar geprüft, im Laborbetrieb wird es jedoch maximal bis zu 4 bar belastet. Aus Sicherheitsgründen sind zusätzlich Schutzscheiben aus Polycarbonat angebracht.

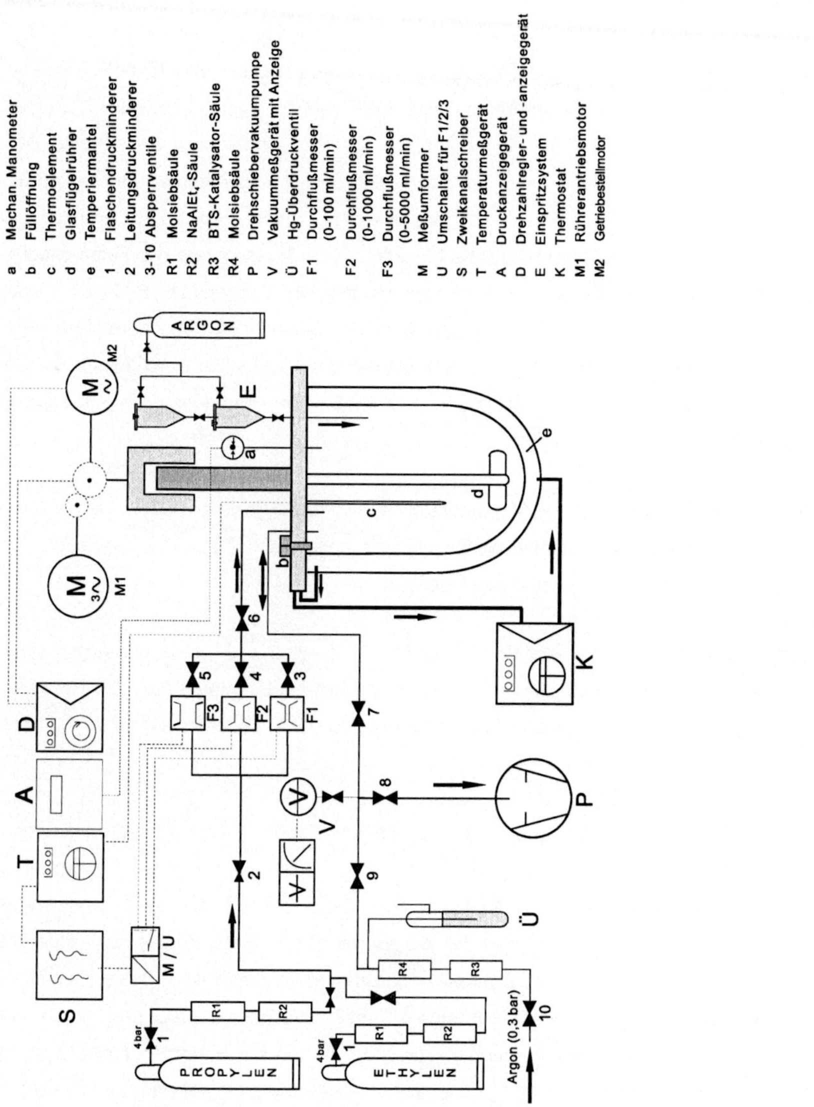

Abb. 7-2: Fließschema der Polymerisationsanlage für Suspensionspolymerisationen.

Eine Thermostatisierung des Reaktors sowie der aus Edelstahl gefertigten Reaktordeckelplatte erfolgt über einen Kryostaten der Firma Lauda (Typ RC6 CS), welcher mit einem Ethylenglycol/Wasser-Gemisch im Verhältnis 30 : 70 gefüllt ist. Die Temperatur im Reaktorinnenraum wird mit einem glasummantelten Pt100-Widerstandsthermometer der Firma MGW (Lauda) gemessen. Der Druck des Reaktorinnenraumes kann durch ein am Reaktordeckel angebrachtes mechanisches Manometer kontrolliert werden. Die Monomergas-Zufuhr während Sättigung und Polymerisation erfolgt über thermische Massendurchflußmessgeräte der Firma Brooks (Typ 5850 TRC, 126 ZBD 41, Brooks Instrument B. V., Veenendaal, Holland). Diese sind für drei Messbereiche (0-100, 0-1000, 0-5000 ml/min) konzipiert. Ein Messumformer (Modell-Nr. 5875, Brooks) gibt dabei den aktuellen Durchfluss in % des Maximalwertes an. Die aufgenommene Gesamt-Monomergasmenge kann mit einer Integratorkarte angezeigt werden.

Reaktionstemperatur und Monomerzufuhr werden jeweils über einen an Temperaturfühler und Massendurchflussmesser angeschlossenen Zweikanalschreiber (Typ BD 40, Kipp & Zonen, Holland) registriert.

Der Autoklav kann über ein Verteilerstück mit Ventilen wahlweise mit Argon oder Monomergas beschickt werden. Mittels Drehschiebervakuumpumpe (Leybold-Heraeus) lässt sich die gesamte Apparatur bis auf ca. $1x10^{-2}$ mbar evakuieren und mit Argon über eine Vakuumschiene wieder belüften.

Die *in-situ* Zugabe des Katalysators erfolgt mittels einer von P. Montag und K. Hauschild (MPI für Kohlenforschung, Mülheim) für diesen Zweck konzipierten Katalysatoreinspritzvorrichtung (Abbildung 7-2). Diese besteht aus zwei voneinander getrennten Edelstahlkammern, welche jeweils mit abschraubbarem Verschlussdeckel mit O-Ringdichtung sowie verschließbarer Füllöffnung versehen sind. Beide Kammern, deren unterer Auslauf jeweils mit einem Ventil verschlossen ist, sind durch ein Edelstahlrohr miteinander verbunden. Das in die untere Kammer hineinragende Edelstahlrohr besitzt an seinem Ende einen Brausekopf, um ein vollständiges Abspülen möglicher Katalysatorrückstände an der Gefäßwandung der unteren Kammer zu gewährleisten. Jede Kammer hat ein Nennvolumen von 10 ml. Beide Kammern können über seitlich angebrachte Schnellkupplungen unter Argon-Druck gesetzt werden (max. 8 bar). Das gesamte Einspritzsystem ist über ein Edelstahlrohr mit dem Reaktorinnenraum verbunden; das Rohr endet dicht über der Oberfläche des gerührten Reaktorinhaltes, ohne in diesen einzutauchen.

Durch Öffnen des Ventils der unteren Kammer kann der trägerfixierte Katalysator sowohl als Pulver als auch als Suspension mithilfe von aufgepresstem Argon in den Reaktionsraum eingebracht werden. Mit Öffnen des Ventils der toluolbefüllten oberen Kammer wird eine Nachspülung vollzogen. Auf diese Weise kann der eingewogenen Katalysator zum Reaktionsstart quantitativ und einheitlich in den bereits unter Druck stehenden Reaktorraum eingebracht werden.

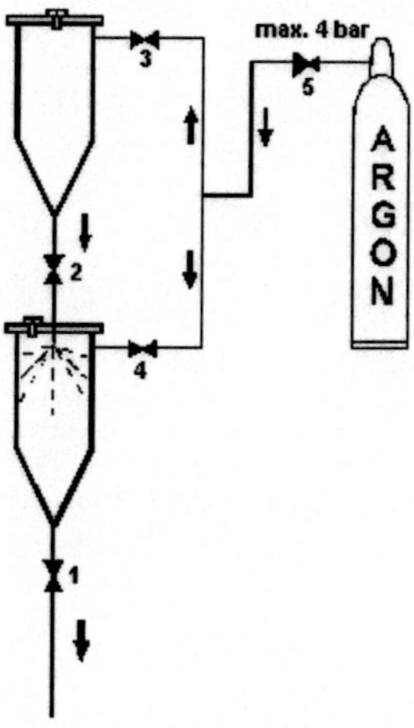

Abb. 7-2: Katalysator-Einspritzsystem: 1,2 Zweiwegehähne der Kammern, 3,4 Einlassventile mit Kupplungsstücken für die Argonzuleitung, 5 Reduzierventil

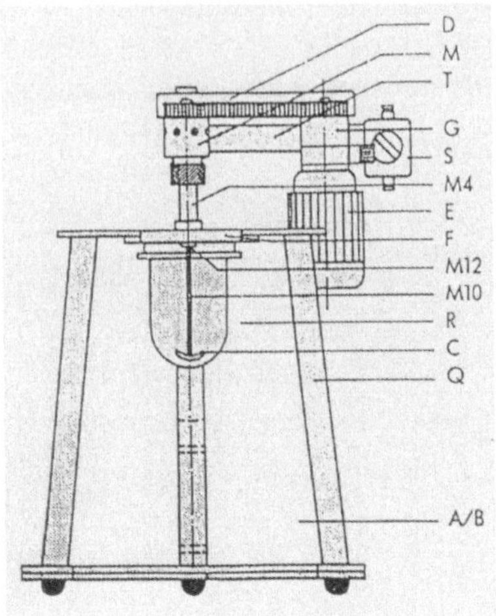

Abb. 7-3: Laborrührautoklav der Firma Büchi:

1. Antriebseinheit

E	Motor 220/380 VAC
G	Differentialgetriebe stufenlos regelbar
S	Drehschalter
T	Antriebsträger

2. Rühreinheit

M	Magnetkupplung MA220
D	Schutzverkleidung
M4	Schaft MA220
C	Diverse Rührer
M12	unteres Führungslager
M10	einschraubbare Rührwelle

3. Deckelplatte

F	Deckelplatte mit 4 Gewindeöffnungen und Kühlkanal
R	diverse Rührgefäße

4. Gestell

Q	Oberteil für Tischaufstellung
A/B	Schutzscheibe aus Polycarbonat

7.3.1 Durchführung der Suspensionspolymerisationen

Der im Trockenschrank bei rund 90°C ausgeheizte Reaktor wird in heißem Zustand druckfest an die Deckelplatte angeflanscht und zur Sekurierung mehrfach sorgfältig evakuiert und argoniert. Simultan erfolgt die Sekurierung des Einspritzsystems mittels Heißluftfön, um letzte Feuchtigkeitsspuren zu entfernen. Um ein mögliches Platzen des Glasrührgefäßes auszuschließen, erfolgt dessen Thermostatisierung erst nachdem die Temperaturdifferenz zwischen Reaktor und Thermostat 20°C unterschreitet. Anschließend wird das Toluol zusammen mit dem jeweiligen Cokatalysator im Argongegenstrom in den Reaktor eingebracht und die Rührung auf 1200 Upm eingestellt. Sobald die gewünschte Polymerisationstemperatur erreicht ist, wird der Argon- bzw. Toluoldampf-Überdruck abgelassen. Danach wird das Monomergas mit dem jeweiligen Arbeitsdruck aufgepresst.

Die obere Kammer der Einspritzvorrichtung wird im Argongegenstrom über die verschließbare Einfüllöffnung mit 5ml Toluol befüllt, die untere Kammer wird mit der Suspension des Katalysators oder dem bloßen Katalysator befüllt. Zum Einspritzen gibt man auf beide Kammern einen Argondruck, der um 2 bar über dem eigentlichen Arbeitsdruck liegt. Zum Reaktionsstart werden unmittelbar hintereinander erst das Ventil der unteren Kammer, danach das Ventil der oberen Kammer geöffnet.

Die Art und Weise der Durchführung spezieller Operationen wie z. B. Kalibrationen mit dem RC1 sind in den entsprechenden Handbüchern vom Mettler-Toledo umfassend dokumentiert und brauchen deshalb an dieser Stelle nicht abgehandelt zu werden. Das Reaktionskalorimeter RC1 (Mettler Toledo International Inc.) besteht funktionell aus einer elektronischen Steuer- und Reglereinheit, einem Thermostat und einer Umwälzpumpe für das zirkulierende Öl sowie dem eigentlichen Messsystem (RC1-Mikroprozessor). Hinzu kommt ein entsprechendes Reaktorgefäß sowie ein Personal Computer, der als Kommunikationselement zwischen Bediener und den RC1-Geräten fungiert. Das Multitasking-Betriebsystem QNX (Quantum Software Systems) wird als Basis für die RC1-Programme benutzt. Der Ölkreislauf des Thermostaten ist zweigeteilt. Der geheizte Kreislauf wird intern über eine elektrische Heizung bedient. Der gekühlte Kreislauf über eine Kühlschlange als Wärmetauscher durch einen externen Kryostat versorgt. Hierfür wurde eine Huber-Kätemaschine HS 90 W eingesetzt. Zur Thermostatisierung des Reaktordeckels wurde ein Thermostat der Firma Lauda (Typ RC6) eingesetzt. Die Kühlung des Rührmotors erfolgte über einen Badthermostaten der Firma Haake (Typ K15). Sämtliche Temperatursteuerungen, Kalibrationen oder sonstige Aktionen wie z. B. Rührerdrehzahländerung werden vom Bediener über den PC vorgenommen und anschließend nach Vorschrift vom RC1 ausgeführt.

Zur Untersuchung der Suspensionsversuche wurde ein Mettler Glasdruckreaktor MP10 verwendet. Dieser erlaubt einen Druckbetrieb bis zu 6 bar Überdruck bei einem Arbeitsvolumen von 0.4 bis 1 Liter. Als Rührer fungierte ein Ankerrührer aus Edelstahl. Die Monomergaszuführung erfolgte wiederum über thermische Massendurchflussgeräte der Firma Brooks. Die gesamte Apparatur lässt sich mittels Drehschiebervakuumpumpe bis auf $1x10^{-2}$ mbar evakuieren. Über ein Verteilerstück ist der Autoklav wahlweise mit Argon oder Monomergas beschickbar. Die *in-situ* Katalysatorinjektion erfolgt mittels o. g. Vorrichtung. Über ein elektrisches Heizband ist die Einspritzvorrichtung genau thermostatisierbar.

Zu Beginn wird der Reaktor mittels des Thermostaten bei 100°C für 60 Minuten sorgfältig sekuriert. In der Zwischenzeit wird das Einspritzsystem per Heißluftfön ebenfalls sekuriert. Anschließend bringt man den argonierten Reaktor auf eine entsprechend niedrigere Temperatur (wahlweise zwischen 20 und 40°C). Sodann gibt man das Suspendierungsmittel (Toluol) zusammen mit dem betreffenden Cokatalysator im Argongegenstrom zu und stellt die Rührung ein (400 Upm).

Nun wird nach Maßgabe der vorgesehenen Polymerisationstemperatur die Reaktortemperatur eingestellt. Außerdem wird die Reaktordeckeltemperatur ($T_{Deckel} = T_{Reaktor} + 2$ °C) eingestellt sowie das Einspritzsystem entsprechend thermostatisiert. Bei Erreichen des Zielwertes wird der Argon- bzw. Toluoldampf-Überdruck abgelassen. Anschließend wird mit dem jeweils per Druckminderer einzustellenden Arbeitsdruck das Monomergas aufgepresst. Hiernach wird abgewartet bis sich das System wieder im thermischen Gleichgewicht befindet (horizontale Basislinie).

Ist das thermische Gleichgewicht erreicht, so wird eine Eichsequenz aus Kalibration, Temperaturrampe und Kalibration gefahren, um das System zu eichen. Im folgenden wird die Polymerisation analog zu den Ausführungen unter 7.3.2. gestartet. Zum Polymerisationsabbruch werden über das Einspritzsystem 2 x 5 ml Methanol injiziert. Man wartet wieder das thermische Gleichgewicht ab und fährt danach noch mal eine Eichsequenz bestehend aus Kalibration, Temperaturrampe und wieder Kalibration.

7.3.2 Berechnung der Polymerisationsgeschwindigkeit

Die Bruttopolymerisationsgeschwindigkeit $v_{P,\ brutto}$ errechnet sich nach folgender Gleichung aus dem mit den Durchflussmessern erhaltenen Monomerverbrauch:

$$v_p = \frac{DF_{max.} \cdot k \cdot 60000}{V_L \cdot V_{mol}}$$

mit

v_P : Polymerisationsgeschwindigkeit in mol / l s

$DF_{max.}$: gemessener Monomerverbrauch in ml / min

V_{mol} : Molvolumen des Monomergases bei Normalbedingungen

Propen = 24.11 l mol^{-1}

Ethen = 24.23 l mol^{-1}

V_L : Lösungsmittel im Reaktor in l

k : Korrekturfaktor, mit k = 0.753 für Propen, k = 1 für Ethen

Da die Durchflussmesser auf Ethen bei 20°C und 2 bar geeicht sind, wird für mit Propen ausgeführte Polymerisationen der angegebene Korrekturfaktor notwendig.

7.3.3 Berechnung der Monomerkonzentration

Die Löslichkeit gasförmiger Monomere in einem gegebenen Lösungsmittelvolumen ist abhängig vom Monomergasdruck und von der Temperatur. Um die Sättigungskonzentration genau zu bestimmen, legt man ein definiertes Volumen an

Lösungsmittel im Reaktor vor und sättigt dieses anschließend bei definierter Temperatur und definiertem Druck. Gleichzeitig wird der Monomerverbrauch via Integratorkarte quantifiziert. Unter Berücksichtigung des gesamten Reaktorvolumens einschließlich Zuleitung, welches mittels einer Gasbürette bestimmt wird, kann nun die Sättigungskonzentration berechnet werden.

Sie ergibt sich aus folgendem Zusammenhang:

$$c_s = \frac{n - \frac{V_G}{V_{mol}} \cdot \frac{p_{Monomer}}{p_{Monomer} + p_{Argon}}}{V_L}$$

mit

c_s = Sättigungskonzentration in mol / l

n = zur Sättigung benötigtes Monomergasmenge in mol

V_G = Volumen der Gasphase über der Flüssigkeit = $V_R - V_L$ in l

V_{mol} = Molvolumen des Monomergases bei der gewählten Sättigungstemperatur und -druck in l / mol

p = Partialdrücke des Monomers bzw. des Argons (1 bar) im Reaktor

V_L = Lösungsmittel im Reaktor in l

V_R = Reaktorvolumen einschließlich Zuleitungen in l

Für das Molvolumen V_{mol} gilt wiederum:

$$V_m = \frac{\left[R \cdot T + p \cdot \left\{ \frac{b - a}{(R \cdot T)} \right\} \right]}{p}$$

mit

V_m = Molvolumen des Monomergases in l / mol

R = Allgemeine Gaskonstante = 0,08206 L atm mol^{-1} K^{-1}

T = Polymerisationstemperatur in K

p = Eingestellter Gesamtdruck in atm

a = 8,379 L^2 atm mol^{-2}; b = 0,08272 L mol^{-1}
(Van-der-Waals-Koeffizienten für Propen)

a = 4.471 l^2 atm mol^{-2}; b = 0.05714 l mol^{-1}
(Van-der-Waals-Koeffizienten für Ethen)

7.3.4 Polymerisationsabbruch, Aufarbeitung des Polymeren

Zum Beendigung einer Polymerisation wird erst jeweils der Monomergasüberdruck vorsichtig abgelassen. Unmittelbar danach werden einige Milliliter Methanol in den Reaktorraum gegeben. Zur Beendigung von Polymerisationen im Minutenbereich wird das Methanol ohne vorige Entspannung des Autoklaven über das Einspritzsystem zugegeben, um ein bezogen auf die Reaktionsdauer einheitlichen Reaktionsabbruch zu gewährleisten.

Nach Polymerisationsabbruch wird der Reaktorinhalt komplett in eine Lösung von 20 ml konzentrierter Salzsäure in 500 ml Methanol eingetragen. Hierbei fällt das Polymere aus. Gleichzeitig wird das durch Hydrolyse des Cokatalysators entstandene Al_2O_3 gelöst.

Nach Rühren über Nacht wird das Polymer abgenutscht, dann erneut eine Nacht in 500 ml Methanol gerührt. Anschließend filtriert man ab und trocknet bei 60 °C in einem mit einer Membranpumpe versehenen Trockenschrank.

7.4 Massepolymerisation

Die Versuche in Masse wurden in einem Mettler HP 60 Metallreaktor durchgeführt. Dieser ist für einen zulässigen Betriebsüberdruck von 60 bar ausgelegt. Bei einem Rauminhalt von 1,8 Litern liegt das Arbeitsvolumen im Bereich von 0.5 bis 1.5 Liter.

Das Monomer wurde direkt in den Reaktor einkondensiert. Die Menge einkondensierten Monomers wurde über Differenzwägung bestimmt. Zu diesem Zweck stand die Propen-Bombe auf einer Mettler SR64001 Waage (Höchstlast: 64100 g; Ablesbarkeit: 0.1 g). Diese Waage ist wiederum über eine Mettler RD10 Reglereinheit in das RC1-System eingebunden, so dass die Wägemesswerte automatisch miterfasst werden.

Zur Drucküberwachung wurde ein thermostatisierbarer Druckaufnehmer der Firma Keller (Typ PA-13) in den Reaktordeckel implementiert. Im Rahmen einer Software-Erweiterung (SmartCal®), mit der die Methode der oszillierenden Kalorimetrie ermöglicht wurde, erfolgte eine Umstellung des Betriebssystems von QNX auf Windows NT.

7.4.1 Durchführung der Massepolymerisation

Die Vorgehensweise entspricht prinzipiell den Ausführungen von Kapitel 7.3.2. Nach sorgfältigem Sekurieren bei 100°C über einen Zeitraum von einer Stunde, wird der argonierte Reaktor auf –10°C abgekühlt. Dann wird zuerst Triisobutylaluminium sowie gegebenenfall das betreffende Comonomer im Argongegenstrom in den Reaktor gegeben. Anschließend wird die gewünschte Monomermenge unter Rühren (250 UPM) in den Reaktor einkondensiert. Hiernach wird die der Polymerisationstemperatur entsprechende Reaktortemperatur eingestellt. Nachdem sich das thermische Gleichgewicht eingestellt hat, werden die notwendigen Eichmessungen (siehe 2.2.) durchgeführt. Der Katalysator wird mit 80 bar Argondruck in den Reaktor eingebracht. Dazu wird er vorher in 5 ml Toluol oder Heptan suspendiert, mit 3ml Suspendierungsmittel wird nachgespült. Die Einspritzvorrichtung wurde von K. Hauschild konzipiert. Zur Beendigung der Polymerisation werden 2 x 5 ml Methanol über die Einspritzvorrichtung mit 80 bar Argondruck zugegeben. Dann wartet man ab, bis sich das thermische Gleichgewicht wieder eingestellt hat. Hiernach folgen die erforderlichen Eichmessungen.

7.4.2 Polymerisationsabbruch, Aufarbeitung des Polymeren

Zum Beendigung einer Polymerisation wird erst jeweils der Monomergasüberdruck vorsichtig abgelassen. Unmittelbar danach werden einige Milliliter Methanol in den Reaktorraum gegeben. Zur Beendigung von Polymerisationen im Minutenbereich wird das Methanol ohne vorige Entspannung des Autoklaven über das Einspritzsystem zugegeben, um ein bezogen auf die Reaktionsdauer einheitlichen Reaktionsabbruch zu gewährleisten.

Nach Polymerisationsabbruch wird der Reaktorinhalt komplett in eine Lösung von 20 ml konzentrierter Salzsäure in 500 ml Methanol eingetragen. Hierbei fällt das Polymere aus. Gleichzeitig wird das durch Hydrolyse des Cokatalysators entstandene Al_2O_3 gelöst.

Nach Rühren über Nacht wird das Polymer abgenutscht, dann erneut eine Nacht in 500 ml Methanol gerührt. Anschließend filtriert man ab und trocknet bei 60 °C in einem mit einer Membranpumpe versehenen Trockenschrank.

7.5 Gasphasenpolymerisationen

7.5.1 Experimenteller Aufbau

Abbildung 7-4 zeigt den experimentellen Aufbau zur Durchführung videomikroskopisch überwachter Polymerisationsexperimente.

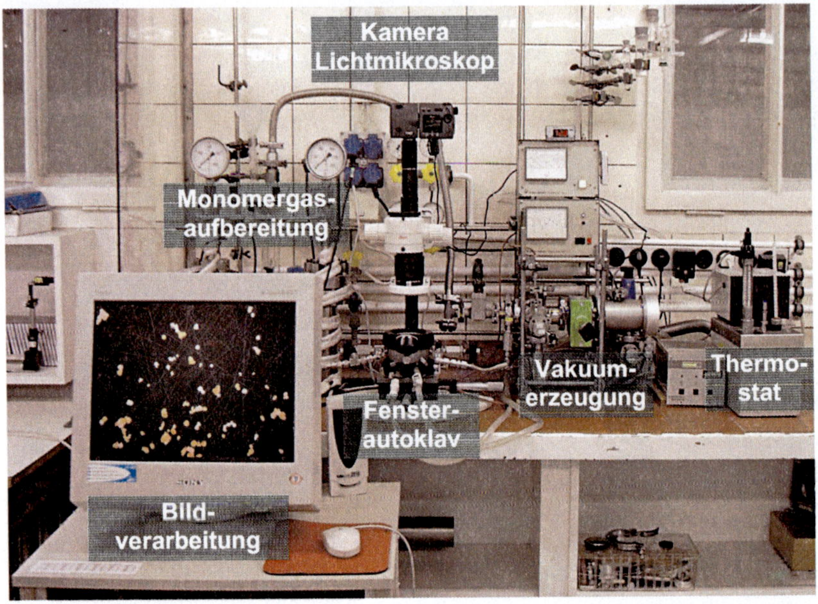

Abb. 7-4: Experimenteller Aufbau zur Durchführung videomikroskopisch überwachter Polymerisationsexperimente.

Wichtigste Komponente der Anlage ist ein Fensterautoklav der in Abbildung 7-5 separat in geöffnetem Zustand wiedergegeben ist. Das Gesamtvolumen der Reaktionskammer beträgt etwa 50 ml (Abbildung 7-6). Am Boden der Reaktionskammer ist ein Edelstahlteller von etwa 4 cm Durchmesser mittig in eine Vertiefung einsteckbar. Ein Edelstahlzylinder, der passgenau in die Kammer eingesetzt werden kann, fixiert eine polierte Edelstahlscheibe wenige Millimeter unter dem als Deckel dienenden Fenster. In der Seitenwand des Reaktors befinden sich zwei Bohrungen, die zu einem

Kugelventilen bzw. zu einem Manometer führen. Vom zweiten seitlich angebrachten Kugelventil führt eine Bohrung zum Reaktorboden und mündet unterhalb des einsteckbaren Tellers. Eine Bohrung im Autoklavenmantel, die keinen Zugang zum Autoklaveninneren bietet, dient der Aufnahme eines Thermoelements. Verschlossen wird der Reaktor mit einer Borosilicatglasscheibe. Die Glasscheibe wird durch einen aufgeschraubten Deckel fixiert und mit einem Viton O-Ring gedichtet. Der Durchmesser des effektiv sichtbaren Fensters beträgt 9 cm. Konstruktionsgemäß ist der Autoklav für Arbeiten bei Drücken bis zu 160 bar ausgelegt, aus Sicherheitsgründen ist parallel zum Manometer eine Berstscheibe installiert, über die der Autoklav beim Überschreiten von 160 bar Arbeitsdruck entspannt. Eine Dichtigkeitsprüfung mit 150 bar Wasserstoff wurde vor Inbetriebnahme unter der Einhaltung gebotener Sicherheitsstandards erfolgreich durchgeführt. Die Temperierung des Autoklaven erfolgt über eine separate, drucklose Thermofluidkammer unterhalb der Reaktionskammer und einem daran über Schläuche angeschlossenen externen Thermostaten der Firma Lauda. Mit Wasser als Thermofluid ergibt sich so ein reproduzierbar einzustellender Temperaturbereich zwischen 20 °C und 80 °C, der bei Bedarf leicht durch die Wahl eines anderen Thermofluids erweitert werden könnte.

Das Inertisieren des Autoklaven erfolgt durch Anlegen eines ölfreien Hochvakuums, erzeugt von einer Turbomolekularpumpe mit Drehschieberpumpe zur Erzeugung des Vorvakuums. Der im Autoklaven erreichbare Enddruck liegt unter 10^{-6} mbar bei einer Leckrate $< 10^{-8}$ mbar l s^{-1}, bestimmt durch He-Lecksuche mit dem Gerät UL 100 der Firma Leybold-Heraeus. Eine gute Inertisierbarkeit wird durch glatte Edelstahloberflächen im Autoklaveninnenraum erreicht, gleichzeitig sind diese Oberflächen beständig gegen Aluminiumalkyle, welche häufig als Cokatalysator oder Scavenger eingesetzt werden.

Als Monomergase stehen beim derzeitigen Aufbau Ethen (Messer, Garde 3.5) und Propen (Messer, Garde 3.5) zur Verfügung. Der Ethendruck ist über ein Reduzierventil zwischen 0-10 bar regulierbar, Propen wird unreduziert dem Flaschendruck von ca. 10 bar bei 20 °C verwendet. Zur Reinigung und Trocknung werden die Monomergase jeweils durch einen mit $NaAl(Et)_4$ gefüllten 500 ml Autoklaven geleitet.

Die aufbereiteten Monomergase werden über eine dünne Kapillare zum Fensterautoklaven geleitet. Alle Leitungswege sind möglichst kurz gehalten und mittels Swagelok-Verschraubungen und Teflon gedichteten Kugelhähnen sowohl Druckfest wie auch Vakuumdicht ausgeführt.

Zur Partikelbeobachtung dient ein speziell für diesen Zweck umgebautes Stereomikroskop MS5 der Firma Leica. Die Optik besteht aus einem Planapo-Frontobjektiv, einem 5-Stufen-Wechsler (0,63-4,0 x) sowie einer C-Mount Kamerahalterung und einem Spezialadapter zur Montage der Consumer-CCD-Kamera Nikon Coolpix 990 auf den C-Mount Port des Mikroskops. Durch eine Verschiebeeinheit kann das Frontobjektiv mittig unter den Kamera-Strahlengang geschwenkt werden. Die gewählte Mikroskopoptik bietet einen hinreichend großen Arbeitsabstand bei Verwendung aller 5 Vergrößerungsstufen um Objekte auf der Edelstahlscheibe im Autoklaven durch das druckfeste Fenster zu fokussieren. Bei der Motorzoom-Einstellung 23,4 mm der CCD-Kamera, entsprechend maximaler Bildvergrößerung, ergeben sich folgende Größen für ein 2048x1536 Pixel umfassendes Digitalbild:

Zoomeinstellung am Mikroskop	Pixelgröße [µm]	Bildbreite [mm]	Bildhöhe [mm]
0,63 x	7,56	15,5	11,6
1,0 x	4,83	9,9	7,4
1,6 x	2,93	6,0	4,5
2,5 x	1,78	3,6	2,7
4,0 x	1,12	2,3	1,7

Tab. 7-1: Wählbare Vergrößerungsstufen der verwendeten Apparatur.

Als Lichtquelle dient ein diffuses Ringlicht mit hochfrequenzgetakteter flimmerfreier Leuchtstoffröhre (10 W, Farbtemperatur ca. 5600 K).

Auf dem Stativ des Mikroskops ist ein Kreuztisch mit Mikrometerschraubenantrieb montiert. Auf diesem Kreuztisch wird der Fensterautoklav mit einer Klemmschraube fixiert und kann so präzise unter dem Mikroskop bewegt werden um eine geeignetes Beobachtungsfeld aufzusuchen.

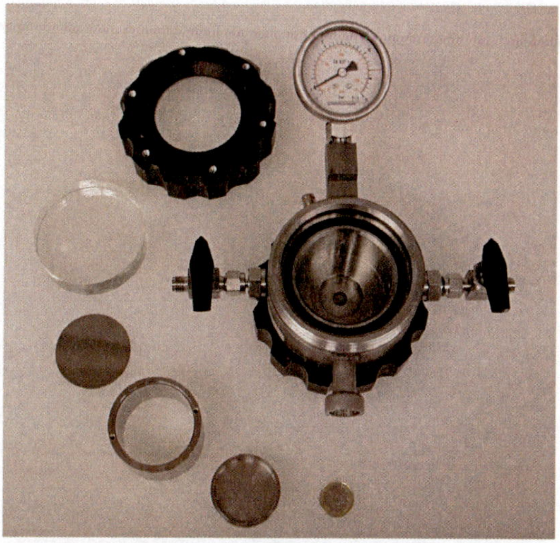

Abb. 7-5: Fensterautoklav im geöffneten Zustand.

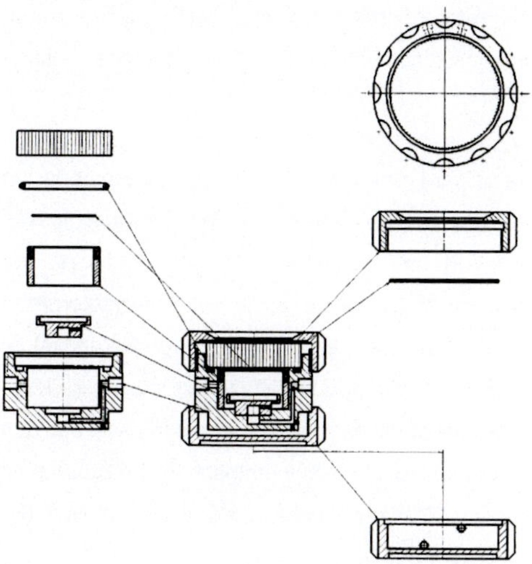

Abb. 7-6: Zeichnung des Fensterautoklaven

7.5.2 Durchführung der Gasphasenpolymerisationen

Die Apparatur wird zum Inertisieren evakuiert bis ein Enddruck < 10^{-6} mbar erreicht wird, wobei der Fensterautoklav auf 80 °C temperiert wird. Zur Beladung des Autoklaven wird dieser mit unter geringen Überdruck stehenden Argon befüllt und von der Gasversorgung und der Thermofluidschleife getrennt. Die mit Wasser als Thermofluid gefüllte Kammer wird entleert und um Wasserreste zu entfernen im warmen Zustand mehrfach mit Aceton gespült und evakuiert, bevor der Autoklav in die Glovebox eingeschleust werden kann. Hier erfolgt die Reaktorbeladung vorzugsweise unter hochreinen Bedingungen (O_2 < 1 ppm, H_2O < 1 ppm) um eine Katalysatordesaktivierung zu verhindern. Auf den Teller in der unteren Kammer kann ein trägerfixiertes oder flüssiges Aluminiumalkyl als Scavenger, oder einen entsprechende Menge Katalysator, ebenfalls als Scavenger jedoch mit dem Zusatzeffekt einer Erhöhung des Monomergasstromes gegeben werden. Auf die polierte Edelstahlplatte werden Katalysatorkörner so aufgestreut das sie möglichst vereinzelt positioniert sind. Hierzu genügt bei gut rieselfähigen Katalysatorsystemen ein vorsichtiges Streuen von der Spatelspitze, sofern es erforderlich war wurde ferner ein einem Salzstreuer ähnlicher Vorsatz auf den Normschliff des Katalysatorgefäßes aufgesetzt. Nach schließen des Deckels kann der beladene Autoklav ausgeschleust und an den Gasport angeschlossen werden.

Zum Einstellen der Reaktionstemperatur wird der Autoklav an den vortemperierten Thermostatenkreislauf angeschlossen. Die bei der Trennung des Gasanschlusses luftexponierten Leitungen werden evakuiert und ausgeheizt. Parallel wird eine zur videomikroskopischen Beobachtung besonders geeignete Stelle der Katalysatorprobe mittels Kreuztisch angefahren und nach Auswahl der gewünschten Vergrößerungsstufe (Tabelle 7-1) fokussiert. Nach Start der Bildaufnahme in vordefinierten Intervallen kann die Polymerisation durch Aufpressen des gewünschten Monomergasdruckes auf den Autoklaven gestartet werden. Dabei ist es möglich die Argonatmosphäre beizubehalten oder den Autoklaven zuvor zu evakuieren. Um die Reaktion abzubrechen wird der Autoklav entspannt und die Bildaufnahme beendet.

7.5.3 Quantitative Auswertung mittels automatisierter Bildbearbeitung

Mit Hilfe der digitalen Bildverarbeitung lassen sich aus den gewonnenen Bilddaten auch quantitative kinetische Informationen über das Wachstumsverhalten einzelner Polymerkörner gewinnen. Zunächst wird die Projektionsfläche der einzelnen Partikel in jeder Aufnahme bestimmt. Hierzu wird, um nicht gänzlich zu vermeidende chromatische Aberrationseffekte zu minimieren, ein Farbauszug des RGB-Bilds, z. B. der Grünkanal, herangezogen. Der Grünkanal wurde hier zum einen gewählt, weil er das intensitätsstärkste Signal liefert, zum anderen wegen seiner Lage in der Mitte des Lichtfrequenzbereiches. Das so gewonnene Graustufenbild wird durch Setzung eines geeigneten Schwellenwerts, welcher einmalig für die ganze Bildserie manuell zu wählen ist, binarisiert. Nun können die Polymerpartikel automatisiert detektiert und ihre Projektionsfläche in den Einzelbildern bestimmt werden. Um zu sinnvollen Ergebnissen zu gelangen ist es hierbei notwendig, bestimmte Grenzwerte bzw. Grundannahmen festzulegen: So kann ein untere Ausschlussgröße definiert werden, um einzelne Störpixel nicht als separate Partikel zu detektieren. Vermeintliche Löcher innerhalb von Partikeln werden zur Partikelprojektionsflächenermittlung mit herangezogen. Ferner ist es möglich aneinandergrenzende bzw. sich geringfügig überlagernde Partikel unter der Annahme einer möglichst kreisähnlichen Projektionsfläche zu trennen. Zu diesem Zweck wird zunächst invertiert und ein Distanzbild berechnet. Aus dem entstehenden Bild werden mit Hilfe eines sogenannten Wasserscheiden-Algorithmus der Verlauf der Wasserscheidelinien berechnet. Sie stellen die Trennungslinien zwischen den einzelnen Partikeln dar. Jede Trennungslinie wird mit mindestens zwei Pixeln Breite wiedergegeben. Diese Trennungslinien werden nun über eine arithmetisch logische Funktion in das Binärbild eingezeichnet, welches im weiteren zur Auswertung herangezogen wird. Ferner hat es sich in der Praxis bewährt bestimmte Bereiche des Einzelbildes bzw. der Bildserie Auszuwählen (ROI, *region of interest*) und nur diese für eine Auswertung zu verwenden.

Auf diese Weise können durch sukzessive Verarbeitung der aufgenommenen Bildserie Kurven der Partikelprojektionsfläche in Abhängigkeit von der Polymerisationszeit gewonnen werden. Unter der Annahmen einer idealen Kugel mit der jeweils ermittelten

Projektionsfläche als Partikelgestalt lässt sich ebenfalls der Partikelradius (ECD) oder das Partikelvolumen (ESV) als Funktion der Polymerisationszeit darstellen.

Eine sinnvolle Weiterverarbeitung dieser Daten stellt die Normierung der Partikelgröße auf die Ausgangsgröße des Katalysatorkorns dar. Diese Art der Auftragung erlaubt einen guten Vergleich des Aktivitätsverlaufes zwischen Einzelkörnern unterschiedlicher Ausgangsgröße.

Um eine der Aktivität bzw. dem Monomerverbrauch direkt proportionale Größe zu erhalten, ist es möglich die erste Ableitung des Partikelvolumens nach der Zeit (Volumenzunahme) aufzutragen. Unter der Annahmen einer konstanten Dichte und einer konstanten Porosität, welche allerdings gerade in frühen Stadien der Polymerisation nur größenordnungsmäßig gelten, lässt sich so auch ein Umsatz, und mit bekannten Katalysatorkenngrößen eine Aktivität berechnen.

7.6 Elektronenmikroskopie

7.6.1 Probenpräparation

Für die morphologischen Untersuchungen wurden aktiven Katalysatorsysteme über mehrere Tage in einem Argon/Luft-Gemisch schonend desaktiviert, die anorganischen Trägermaterialien und die Polymerproben konnten ohne weitere Vorbehandlung auf ein elektrisch leitfähiges Kohlenstoff-Leit-Tap aufgestäubt werden. Die nicht auf der Klebefolie haftenden Partikel wurden mit einem leichten Luftstrom abgelassen. Da es sich bei den untersuchten Systemen um nichtleitende Proben handelt, wurden die Proben mit einem leitfähigen Überzug aus 8 bis 10 nm Gold beschichtet. Hierfür wurde eine Sputteranlage MED 010 der Firma Balzers verwendet.

Die aktiven Katalysatorsysteme wurden vor dem Einbringen in Einbettungsharze wiederum über mehrere Tage in einem Argon/Luft-Gemisch schonend desaktiviert, die anorganischen Trägermaterialien und die Polymerproben konnten ohne weitere Vorbehandlung für die Anfertigung von Ultramikrotomschnitten eingebettet werden. Als Einbettungsmedium wurde ein vier Komponenten Epoxidharz Kit (SPURR Low Viscosity Embedding Kit, Ted Pella, Inc.) wegen seiner geringen Viskosität und der damit verbundenen hohen Penetrierung in poröse Trägermaterialien verwendet. Wahlweise wurde auch mittels Blaulicht abhärtender Kunststoff auf Methacrylat-Basis (Technovit 2000LC, Heraeus Kulzer GmbH) eingesetzt. Wesentlicher Vorteil dieses Harzes ist die Möglichkeit, es innerhalb weniger Minuten komplett auszuhärten. Es treten geringe chemische Wechselwirkungen der desaktivierten Katalysatorsysteme mit dem Epoxidharz, sowie auch mit dem Polymetylmethacrylat-Harz auf, die sich durch Auftreten von vereinzelten Gasbläschen beim Einbetten äußerten. Da diese Blasenbildung insbesondere bei stark hygroskopischen Proben auftrat, kann davon ausgegangen werden, dass Wasser eine Ursache für die Gasentwicklung ist.

Zur Anfertigung von Blockanschnitten und Ultradünnschnitten wurde ein Ultramikrotom (UltraCut, C. Reichert AG) in Kombination mit einem Diamantmesser (Drukker International, Typ: Ultra with trough, 3 mm 45 °) verwendet. Als Probenträger für die Ultramikrotomschnitte wurden Cu-Grids zwischen 100 und 1000 Mesh verwendet. Alternativ wurden Cu-Lochblenden oder Cu-Slotblenden verwendet, die mit einem Butvar-Kunststoff-Film überzogen waren.

Diese Film-Träger bieten im Vergleich zu Cu-Grids den Vorteil, dass der Mikrotomschnitt „freitragend" zum Liegen kommt und somit keine Informationen durch die Stege der Cu-Maschen verdeckt werden. Für hochauflösende TEM Mikrographien kann es jedoch wiederum erforderlich sein Löcher innerhalb des Trägerfilms zu suchen um dort Feinstrukturen zu erkennen.

7.6.2 Rasterelektronenmikroskopie SEM

Rasterelektronenmikroskopische Untersuchungen wurden mit Hilfe der Geräte Hitachi S-3500N und ISI 60 durchgeführt. Das Hitachi S-3500N (Wolfram-Haarnadelkathode, 2-25 kV Beschleunigungsspannung) verfügt über eine Niedervakuumeinrichtung und ist mit einem Oxford EDX System mit Inca Softwarepaket (Oxford Instruments) sowie einem externen Bildeinzugs- und Bildspeichersystem (Prodas for Windows 1.3, Proscope GmbH) ausgerüstet. Für Routinemessungen wurde ein Rasterelektronenmikroskop der Firma Instrumental Scientific Instruments, Model ISI 60 (Wolfram-Haarnadelkathode, 2-15 kV Beschleunigungsspannung) in Kombination mit einem digitalen Bildeinzugs- und Bildspeichersystem (Prodas 3.5, Proscope GmbH) eingesetzt.

7.6.3 Transmissionselektronenmikroskopie TEM

Alle in dieser Arbeit gezeigten TEM Mikrographien wurden mit Hilfe des Gerätes Hitachi H-7500 bei 80-100 kV angefertigt. Die TEM-Untersuchung und Abbildung von Partikeln mit einem hohen Anteil an Polymer bereitet im Gegensatz zu den reinen anorganischen Trägermaterialien größere Schwierigkeiten, da die Proben auf die Elektronenstrahlung wesentlich sensibler reagieren und leicht zerstört werden können. Nach der Bethe-Bloch-Gleichung findet ein Energieaustausch zwischen den Elektronen und der Probe statt, wobei dieser gerade für niedrige Ordnungszahlen der Atome (polymere Festkörper) hoch ist. Da Polymere im allgemeinen schlechte Wärmeleiter sind, können ebenfalls lokale Überhitzungen auftreten. Um dieses Problem weitgehend zu umgehen, wurden die TEM-Aufnahmen von Polymeren am Hitachi H-7500 bei 80-100 kV untersucht und Mikrographien mittels CCD-Kamera Bildeinzug bei möglichst geringer Strahlintensität angefertigt.

8 Literaturverzeichnis

1. Fawcett, E.W., Gibson, R. U., Perrin, M. W., Paton, J. G., Williams, E. G.(ICI) GB 471590, (1936),

2. Fawcett, E.W., Gibson, R. U., Perrin, M. W., Paton, J. G., Williams, E. G., *Chem. Abstr.* **32,** 1362 (1938)

3. Kaminsky, W., *Catalysis Today* **62**, 23 (2000)

4. Wilke, G. *Angew. Chem.* **115**, 5150 (2003)

5. Böhm, L. L. *Angew. Chem.* **115**, 5162 (2003)

6. Ziegler, K., Holzkamp, E., Breil, H., Martin, H., *Angew. Chem.* **67**, 541 (1955)

7. Natta, G. J. *Polym. Sci.* **16**, 143 (1955)

8. Soga, K., Shiono, T. *Progress in Polymer Science* **22**, 1503 (1997)

9. Sobota, P., Szafert, S. *J. Chem. Soc., Dalton Transactions*, 1379 (2001)

10. Verband Kunststofferzeugende Industrie e. V. *Wirtschaftsdatenblatt April 2003*, http://www.vke.de

11. Breslow, D. S., Newburg, N. R., *JACS* **81**, 81 (1959)

12. Long, W. P., *JACS* **81**, 5312 (1959)

13. Mynott, R., Fink, G., Fenzl, W. *Angewandte Makromolekulare Chemie* **154**, 1 (1987)

14. Sinn, H., Kaminsky, W., *Adv. Organomet. Chem.* **18**, 99 (1980)

15. Sinn, H., Kaminsky, W., *Angew. Chem.* Int. Ed. **19**, 396 (1980)

16. Andresen, A., Cordes, H. G., Herwwig, J., Kaminsky, W., Merck, A. , Mottweiler, R., Pein, J., Sinn, H. , Vollmer, H. J., *Angew. Chem.* **88**, 689 (1976)

17. Kaminsky, W., *Nachr. Chem. Tech. Lab.* **29**, 373 (1981)

18. Chen, Y.X., Rausch, M. D., Chien, J. C. W., *J. Polymer Sci.: Part A Polym. Chem.* **33**, 2093 (1995)

19. Chien, J. C. W., He, D., .*J. Polymer Sci.: Part A Polym. Chem.* **194**, 3499 (1995)

20. Wild, F., Zsolnai, L., Huttner, G., Brintzinger, H. H. *Journal of Organometallic Chemistry* **232**, 233 (1982)

21. Dorer, B., Diebold, J., Weynand, W., Brintzinger, H. H., *J. Organomet* **427**, 245(1992)

22. Ewen, J. A., Jones, R. L., Razavi, A., Ferrara, J. D., *JACS* **110**, 6255 (1988)

23. Ewen, J. A., Elder, M. J., Eur. Pat. Appl. EP-A 0537130 (1993)

24. Kaminsky, W., Schupfner, G. *Macromolecular Symposia* **177**, 61 (2002)

25. Busico, V., Cipullo, R. *Progress in Polymer Science* **26**, 443 (2001)

26. Olabisi, O., Atiqullah, M., Kaminsky, W.*???* , 519 (1997)

27. Kurkal, J., Rieger, B. *Macromolecular Symposia* **177**, 71 (2002)

28. Mülhaupt, R., Rieger, B. *Chimia* **50**, 10 (1996)

29. Chum, P. S., Kruper, W. J., Guest, M. J. *Advanced Materials* **12**, 1759 (2000)

30. Böhm, L., Fleißner, M. *Kunststoffe* **88**, 1864 (1998)

31. Kaminsky, W., Laban, A. *Applied Catalysis A: General* **222**, 47 (2001)

32. van der Leek, J., Angermund, M., Reffke, M., Kleinschmidt, R., Goretzki, R., Fink, G. *Chem. Eur. J.* **3**, 585 (1997)

33. Nele, M., Pinto, J. C. *DECHEMA Monographs* **137**, 395 (2001)

34. Galli, P., Vecellio, G., *Prog. Polym. Sci.* **26**, 1287, (2001)

35. Fink, G., Steinmetz, B., Zechlin, J., Przybyla, C., Tesche, B., *Chem. Rev.* **100**, 1377 (2000)

36. Karol, F. J., *Macromol. Symp.* **89**, 563 (1995)

37. Brintzinger, H. H., Fischer, D., Mülhaupt, R., Rieger, B., Waymouth, R. *Angew. Chem.* **107**, 1255 (1995)

38. Kaminsky, W., *Macromol. Chem. Phys.* **197**, 3907 (1996)

39. Coates, G. W., *Chem. Rev.* **100**, 1223 (2000)

40. Steinmetz, B., Zechlin, J., Pryybyla, C., Tesche, B., Fink, G., *Nachr. Chem.* **48**, 12 (2000)

41. Aulbach, M., Kuber, F., *Chem. unserer Zeit* **28**, 197 (1994)

42. Mason, M. R., Smith, J., Bott, S. G., Barron, A. R. *Abstracts of Papers of the American Chemical Society* **204**, 157 (1992)

43. Pasynkiewicz, S. *Polyhedron* **9**, 429 (1990)

44. Ystenes, M., Eilertsen, J. L., Liu, J. K., Ott, M., Rytter, E., Stovneng, J. A. *Journal of Polymer Science Part a-Polymer Chemistry* **38**, 3106 (2000)

45. Ystenes, M., Eilertsen, J. L., Liu, J. K., Ott, M., Rytter, E., Stovneng, J. A. *Journal of Polymer Science Part a-Polymer Chemistry* **38**, 3450 (2000)

46. Zurek, E., Ziegler, T. *Faraday Discussions* **124**, 93 (2003)

47. Zhou, W. *Studies in Surface Science and Catalysis* **129**, 525 (2000)

48. Wagner, A., Schmidt, F., Bauer, D., Kerner, D. (Degussa), EP-A 0341383 (1989)

49. Flemmert, G. L., *Proc. Fert. Soc.* 163 (1977)

50. J. Rouquerol, D. Avnir, C.W. Fairbridge, D.H. Everett, J.H. Haynes, N. Pericone, J.D.F., Ramsay, K.S.W. Sing, K.K. Unger, *Pure and Appl. Chem.* **66**, 1739-1758 (1994).

51. Sing, K. S. W., Everett, D. H., Haul, R. A. W., Moscou, L., Pierotti, R. A., Rouquerol, J., Siemieniewska, T. *Pure and Appl. Chem.* **57**, 603 (1985)

52. J.C.W. Chien, *J. Am. Chem. Soc.* **93**, 4675 (1971)

53. J.C.W. Chien, */. Catal.* **73**, 71 (1971)

54. T.E. Nowlia, R.L. Mink, F.Y. Lo, T. Kumar, */. Polm. Sei. Part A: Polym. Chem.***29**,1167 (1991)

55. K.-J. Chu, J.-H. Yin, S.-K. Ihm, *Catalyst design for tailor-made Polyolefins* (Hrsg.: M. Texano K. Soga), Kodansha, Tokyo, 299 (1994)

56. S. Collins, W.M. Kelly, D.A. Holden, *Macromolecules* **25**, 1780 (1992)

57. J.C.W. Chien, *Top. Catal.* **7**, 23 (1999)

58. Steinmetz, B., *Dissertation*, Universität Düsseldorf (1999)

59. Vayá, V. I. C., Belelli, P. G., dos Santos, J. H. Z., Ferreira, M. L., Damiani, D. E. *Journal of Catalysis* **204**, 1 (2001)

60. Przybyla, C., Fink, G. *Acta Polym.* **50**, 77 (1999)

61. Bergemann, C., Luft, G. *Chemie Ingenieur Technik* **70**, 174 (1998)

62. Kakugo, M., Sadatoshi, H., Sakai, J., Yokoyama, M. *Macromolecules* **22**, 3172 (1989)

63. Jenny, C., Maddox, P. *Curr. Opin. Solid State Mater. Sci.* **3**, 94 (1998)

64. Chen, M.-C., Marks, T. J. *Journal of the American Chemical Society* **123**, 11803 (2001)

65. A. van der Pol, J. P. C. van Heel, R. Meijers, R. J. Meier, M. Kranenburg, *Journal of Organometallic Chemistry* **651**, 80 (2002)

66. Simon, L. C., Patel, H., Soares, J. B. P., de Souza, R. F. *Macromolecular Chemistry and Physics* **202**, 3237 (2001)

67. Naik, S. D., Ray, W. H. *Journal of Applied Polymer Science* **79**, 2565 (2001)

68. Korber, F., Hauschild, K., Fink, G. , *Macromol. Chem. Phys.* **202**, 3323 (2001)

69. Korber, F., Hauschild, K., Fink, G. , *Macromol. Chem. Phys.* **202**, 3329 (2001)

70. Zechlin, J., *Dissertation*, Universität Düsseldorf (1999)

71. Steinmetz, B., Przybyla, C., Zechlin, J., Fink, G., Tesche, B. *DECHEMA Monographs* **134**, 147 (1998)

72. Steinmetz, B., Tesche, B., Przybyla, C., Zechlin, J., Fink, G., *Acta Polymer.* **48**, 392 (1997)

73. Zechlin, J., Steinmetz, B., Tesche, B., Fink, G. *Macromol. Chem. Phys.* **201**, 515 (2000)

74. Zechlin, J., Hauschild, K., Fink, G., *Macromol. Chem. Phys.* **201**, 597 (2000)

75. Przybyla, C., Zechlin, J., Steinmetz, B., Tesche, B., Fink, G., in *Metalorganic Catalysts for Synthesis and Polymerization* (Hrsg.: W. Kaminsky), Springer-Verlag, Berlin, Heidelberg, New York, Barcelona, Hong Kong, London, Milan, Paris, Singapore, Tokyo, 321 (1999)

76. Przybyla, C., Weimann, B., Fink, G., in *Metalorganic Catalysts for Synthesis and Polymerization* (Hrsg..: W. Kaminsky), Springer-Verlag, Berlin, Heidelberg, New York, Barcelona, Hong Kong, London, Milan, Paris, Singapore, Tokyo, 333 (1999)

77. Cecchin, G., Marchetti, E., Baruzzi, G. *Macromolecular Chemistry and Physics* **202**, 1987 (2001)

78. Pater, J. T. M., Weickert, G., van Swaaij, W. P. M. *DECHEMA Monographs* **137**, 383 (2001)

79. Kakugo, M., Sadatoshi, H., Sakai, J., Yokoyama, M. *Macromolecules* **22**, 3172 (1989)

80. Korber, F., *Dissertation*, Universität Düsseldorf (2002)

81. Knoke, S., Korber, F., Fink, G., Tesche, B. *Macromol. Chem. Phys.* **204**, 607 (2003)

82. Garmater, B., *Dissertation*, Technische Universität Berlin (1995)

83. Walden, M., *Dissertation*, Universität Essen (2002)

84. Samson, J. J. C., van Middelkoop, B., Weickert, G., Westerterp, K. R. *Aiche Journal* **45**, 1548 (1999)

85. Tannous, K., Soares, J. B. P. *Macromolecular Chemistry and Physics* **203**, 1895 (2002)

86. Kallio, K., Wartmann, A., Reichert, K.-H., *Macromol. Rapid Commun.* **22**, 1330 (2001)

87. Kallio, K., Wartmann, A., Reichert, K.-H., *Macromol. Rapid Commun.* **23**, 187 (2002)

88. Samson, J. J. C., Weickert, G., Heerze, A. E., Westerterp, K. R. *Aiche Journal* **44**, 1424 (1998)

89. Eberstein, C., Garmater, B., Reichert, K.-H., Sylvester, G., *Chem. Ing. Tech.* **68**, 820 (1996)

90. Zöllner, K., Kallio, K., Reichert, K.-H. *DECHEMA Monographs* **137**, 135 (2001)

91. Zöllner, K., Reichert, K. H. *Chemical Engineering & Technology* **25**, 707 (2002)

92. Zöllner, K., Reichert, K. H. *Chemie Ingenieur Technik* **73**, 849 (2001)

93. Reichert, K. H. *Chemie Ingenieur Technik* **74**, 585 (2002)

94. Makela-Vaarne, N. I., Kallio, K., Reichert, K. H., Leskela, M. A. *Macromolecular Chemistry and Physics* **204**, 1085 (2003)

95. Pater, J., *Dissertation*, Universität Twente (2001)

96. Pater, J. T. M., Weickert, G., van Swaaij, W. P. M. *Chimia* **55**, 231 (2001)

97. Oleshko, V., Crozier, P., Cantrell, R., Westwood, A. *Microscopy and Microanalysis* **6**, 32 (2000)

98. Oleshko, V. P., Crozier, P. A., Cantrell, R. D., Westwood, A. D. *Macromolecular Rapid Communications* **22**, 34 (2001)

99. Oleshko, V. P., Crozier, P. A., Cantrell, R. D., Westwood, A. D. *Journal of Electron Microscopy* **51**, S27 (2002)

100. Kim, S. H., Somorjai, G. A. *Journal of Physical Chemistry B* **104**, 5519 (2000)

101. Kim, S. H.; Somorjai, G. A. *Journal of Physical Chemistry B* **105**, 3922 (2001)

102. Somorjai, G. A., McCrea, K. R., Zhu, J. *Topics in Catalysis* **18**, 157 (2002)

103. Kim, S. H., Somorjai, G. A. *Journal of Physical Chemistry B* **105**, 3922 (2001)

104. Risse, T., Schmidt, J., Hamann, H., Freund, H.-J. *Angew. Chem.* **114**, 1587 (2002)

105. Wunsam, S., Bowman, J. C. *Journal of Paleolimnology* **25**, 399 (2001)

106. Brandrup, J., Immergut, E. H., Polymer Handbook 3rd edition , Wiley (New York, 1989)

107. Kosek, J., Grof, Z., Novák, A., Stepánek, F., Marek, M. *Chemical Engineering Science* **56**, 3951 (2001)

108. Knoke, S., Ferrari, D., Tesche, B., Fink, G. *Angew. Chem.* **115**, 5244 (2003)

109. Knoke, S., Ferrari, D., Tesche, B., Fink, G. *Angew. Chem. Int. Ed.* **42**, 5090 (2003)

110. Weickert, G., Meier, G. B., Pater, J. T. M., Westerterp, K. R. *Chemical Engineering Science* **54**, 3291 (1999)

111. Savitzky, A., Golay, M. J. E. *Analytical Chemistry* **36**, 1627 (1964)

112. Steinier, J., Termonia, Y., Deltour, J. *Analytical Chemistry* **44**, 1906 (1972)

113. Goretzki, R., Fink, G., Tesche, B., Steinmetz, B., Rieger, R., Uzick, W. *Journal of Polymer Science Part a-Polymer Chemistry* **37**, 677 (1999)

114. Przybyla, C., *Dissertation*, Universität Düsseldorf (1999)

115. Yermakov, Y. I., Zakharov, V. *Adv. Cat.* **24**, 173 (1975)

116. Floyd, S., Choi, K. Y., Taylor, T. W., Ray, W. R. *J. Appl. Polym. Sci.* **31**, 2231 (1986)

***ibidem*-Verlag**
Melchiorstr. 15
D-70439 Stuttgart

info@ibidem-verlag.de

www.ibidem-verlag.de
www.edition-noema.de
www.autorenbetreuung.de